TURING 图灵原创

小甲鱼　袁春良 ◎著

零基础玩转
Midjourney
打 造 AI 绘 画 助 手

人民邮电出版社

北　京

U0264939

图书在版编目（ＣＩＰ）数据

　零基础玩转Midjourney：打造AI绘画助手 / 小甲鱼，
袁春良著. -- 北京：人民邮电出版社，2023.8
　（图灵原创）
　ISBN 978-7-115-62071-2

　Ⅰ．①零… Ⅱ．①小… ②袁… Ⅲ．①图像处理软件
Ⅳ．①TP391.413

　中国国家版本馆CIP数据核字(2023)第119360号

内 容 提 要

　Midjourney 是一个由 Midjourney 研究实验室开发的人工智能程序，可根据文本生成图像，目前搭载在游戏应用社区 Discord 上。使用者可以在 Discord 中通过参数和指令进行操作，让 Midjourney 创作出多种多样的图像作品。本书基于 Midjourney 讲解如何让 AI 为我们服务，首先简要介绍了如何注册 Discord 账号，然后详细介绍了 Midjourney 中的参数和指令，接着讨论了一些进阶操作，最后介绍了实际的应用场景，比如设计卡通 IP 形象、表情包、logo、海报、故事绘本等。

　本书适合对 AI 绘画感兴趣的人，以及美工等相关行业的从业者阅读。

◆ 著　　　　小甲鱼　袁春良
　　责任编辑　王军花
　　责任印制　胡　南
◆ 人民邮电出版社出版发行　　北京市丰台区成寿寺路11号
　　邮编　100164　电子邮件　315@ptpress.com.cn
　　网址　https://www.ptpress.com.cn
　　北京盛通印刷股份有限公司印刷
◆ 开本：800×1000　1/16
　　印张：14.25　　　　　　　　　2023年8月第1版
　　字数：318千字　　　　　　　　2023年8月北京第1次印刷

定价：99.80元
读者服务热线：(010)84084456-6009　印装质量热线：(010)81055316
反盗版热线：(010)81055315
广告经营许可证：京东市监广登字 20170147 号

"这是最好的时代，也是最坏的时代。"

——查尔斯·狄更斯，《双城记》（1859 年）

2022 年，AI 绘画开始大放异彩。随着 DALL·E、Stable Diffusion、Midjourney 等图像生成领域中的现象级应用纷纷兴起，AI 绘画如同一阵旋风，在国内外都掀起了不小的浪花。各类社交平台上也出现了与 AI 绘画相关的大量话题和讨论。

其实，AI 绘画技术的历史可以追溯到 20 世纪 50 年代，当时的科学家们就开始使用计算机生成艺术作品了。随着计算机技术的发展，AI 绘画技术也得到了快速的发展。特别是在过去几年中，得益于深度学习和人工神经网络等技术的发展，AI 绘画技术取得了巨大的进步。这些技术使计算机能够自动学习和生成艺术作品，从而降低了艺术创作的门槛。

这些爆火的 AI 绘画应用到底有什么令人称奇的功能，它们背后又有哪些企业在助力这阵 AI 绘画"旋风"呢？本书将目光投向 Midjourney，这是由同名研究实验室开发的

AI 绘画工具。Midjourney 是一款基于 CLIP（Contrastive Language-Image Pre-training，对比式语言 – 图像预训练）模型的 AI 绘画工具，可以帮助我们通过文字提示（prompt）生成各种风格的艺术作品。Midjourney 运行在 Discord 服务器上，让数百万人都能够进入 AI 艺术世界。Midjourney 使用起来也非常简单，只需要输入我们想到的文字，它就能通过 AI 产出相应的图像，全程耗时约 1 分钟。在 AI 绘画领域，Midjourney 降低了艺术创作的门槛，让我们每个人都能轻松成为"艺术家"。

第 1 章

注册与使用

现在，我们将正式开始学习 Midjourney。为了使用它，我们需要做一些准备工作，例如注册 Discord 账号、添加 Midjourney 频道等。要想真正把 Midjourney 变为有用的工具，不能单纯模仿书中的"咒语"，而是最好从零开始，搞清楚输入"咒语"的底层逻辑，搞清楚每一个参数和指令的含义，搞清楚对生成的图像不满意时该如何调试。总之，在学习任何事物时，都一定要知其然并且知其所以然。

1.1 从一个神奇的故事说起

2022 年 8 月，在美国科罗拉多州博览会（Colorado State Fair）的一场美术比赛中，游戏设计师贾森·艾伦（Jason Allen）的作品《太空歌剧院》（*Théâtre D'opéra Spatial*）获得了"数字艺术 / 数码摄影"类别的冠军，如图 1-1 所示。

图 1-1 《太空歌剧院》及获奖证明

获奖之后，作者贾森·艾伦在网上公布说，自己是一个游戏公司的老板，这幅画不是他亲手画的，而是用 AI 绘画工具 Midjourney 生成的。艾伦最初想到了一些有创意的关键词，用它们生成了 100 多幅画；随后花了几个星期来慢慢调整关键词，并选出了 3 幅自己最满意的画；然后用 Photoshop 等软件微调，最终署名 "Jason Allen via Midjourney"（也就是 "贾森·艾伦通过 Midjourney 绘制"）并将其提交给了主办方。

这立刻在网上引起了不小的争议："哪有让机器人参加人类奥运会的呢？""这不就是作弊吗？""要见证艺术的消亡了。""媒体以后都用 AI 来制作图片，那插画师和摄影师可就要失业咯。"……

比赛的主办方得知此事后，并没有取消艾伦的名次，因为他参加的本来就是 "数字艺术 / 数码摄影" 类别的比赛，比赛规则里也没有说不能使用 AI 工具。（规则会在第二年修改。）

为何会有那么多争议呢？因为 AI 绘画真的太牛了。

1.2　什么是 AI 绘画

2022 年上半年，AI 绘画工具爆火，Stable Diffusion、Midjourney、DALL·E 2、文心一言等纷纷进入我们的视野。它们都处在同一条赛道中，即 "text-to-image"（文本生成图像），又叫 "以文生图"。

AI 绘画指的就是，用户通过文字去描述想要的图像，AI 绘画工具便可将其实现。（如果想先看看演示效果，可跳至 1.7 节。）

有了这些 AI 绘画软件，就连毫无绘画基础的人也可以画出相当优秀的作品。这里所说的 "作品" 范围非常广，既可以是素描、油画、国画、水彩画等传统的绘画形式，也可以是漫画、3D 效果图、照片、海报、剪纸、房屋设计图等非传统的绘画形式。我们目前通过屏幕看到的图像，绝大多数可以靠 AI 生成。

在游戏制图、工业设计、影视艺术等领域，AI 稍加训练便可以辅助美术师做一些程序化的工作，既能节省成本，又能产生意想不到的效果。例如，在游戏开发行业里，除了程序员要和项目经理准确沟通外，制作人也要和美术师准确沟通。后者通常是个很让人头疼的问题：制作人往往无法明确表达需求，美术师只能在自行捉摸后创作，而如果作品不符合制作人的需求，就会导致多次返工。AI 则可以根据气氛、光照、风格、质感等方面的关键词批量生成草图，在此基础上，美术师就可以迅速领会制作人的需求。

再举一个例子，让美术师画几百种不重复的乱石堆，可能会引起美术师的不满，但 AI 可以轻松画出上万张图像以供挑选。制作人还可以把灵光一现想出来的主意交给 AI，添加一些关键词反复测试，看看能生成什么作品，以及作品是否符合自己的"感觉"。"感觉"这个词，往往是美术师们的噩梦，但 AI 显然可以不知疲倦地满足任何要求，来帮我们寻找"感觉"。

1.3 为什么使用 Midjourney

目前有 3 个比较流行的 AI 绘画工具：DALL·E（OpenAI 旗下）、Midjourney 和开源的 Stable Diffusion。

一般而言，AI 绘画工具可以分为两种。

❑ 以 Stable Diffusion 为代表，使用由用户选择模型和参数的界面，例如 WebUI、ComfyUI 等。

❑ 以 Midjourney 为代表，使用由第三方提供的 AI 绘画平台，例如 Adobe、Discord 等。

前者支持定制，拥有很高的自由度；后者由第三方维护和优化，十分便捷。

如果你想训练自己的模型，比如将实体物品映射给 AI，让 AI 全方位地基于这个物品绘制出具有指定风格的作品，那么请选择第一种工具。

如果你希望快速入门 AI 绘画，打造属于自己的海量专属作品，那么请选择第二种工具。它们可以让我们以更低的时间和金钱成本进行创作，而其中的 Midjourney 无疑是目前最便捷的选择，因为它自身没有独立的应用程序，通过搭载在游戏应用社区 Discord 上运行，让全世界的 Midjourney 爱好者可以一起在线交流和学习，创造出更优质的 AI 绘画作品。注册 Discord 账号的流程参见 1.4 节。

1.4 注册 Discord 账号

Discord 是海外流行的群聊平台，最初是为游戏玩家聊天和组群交流而创建的。目前有多种注册 Discord 账号的方式，下面是一种较为简单的方式。

首先打开 Discord 主页（如图 1-2 所示）。Midjourney 没有自己的官方客户端，需要搭载在 Discord 上，可以将 Discord 理解为微信，将 Midjourney 理解为 Discord 里的小程序。

图 1-2　Discord 主页

图 1-2 中的①表示通过本地客户端使用 Discord，②表示通过网页端在线使用 Discord。如果你使用的是 Windows 系统，图 1-2 中的①会显示为"Windows 版下载"。不论是通过客户端还是通过网页端使用 Discord，操作界面和功能都是相同的，根据需要选择即可。

用鼠标点击图 1-2 中③处的 Login 按钮进入登录界面，如图 1-3 所示。

图 1-3　Discord 登录界面

如果已有 Discord 账号，直接登录即可。如果没有，点击图 1-3 中①处的"注册"，进入注册界面，如图 1-4 所示。

图 1-4 注册账号

在这里根据要求填入电子邮件、用户名、密码等信息即可。需要注意的是，用户的年龄必须为 13 周岁及以上，而且用户只有年满 18 周岁才能访问一些含有年龄限制的内容。输入注册信息后，点击图 1-4 中的"继续"按钮。

此时会弹出验证程序，如图 1-5 所示。

图 1-5 验证程序

点击图 1-5 中的"我是人类"复选框，然后根据提示验证即可。完成验证后，就会进入创建服务器界面，如图 1-6 所示。

图 1-6　创建服务器

点击图 1-6 中的"亲自创建"按钮后，在弹出的下一个界面中点击"仅供我和我的朋友使用"，进入自定义服务器界面，如图 1-7 所示。

图 1-7　自定义服务器

先点击图 1-7 中①处的 UPLOAD 图标上传一张自己喜欢的图像作为服务器的头像，再点击②处的输入框，自定义服务器名称。然后点击右下角的"创建"按钮，此时会弹出"找人唠嗑"界面。直接点击"跳过"按钮，就会看到准备就绪界面，如图 1-8 所示。

图 1-8　准备就绪

点击图 1-8 中的"带我去我的服务器！"按钮，进入 Discord 主界面，如图 1-9 所示。

图 1-9　Discord 主界面

进入主界面之后，顶部会提示验证电子邮箱的信息，见图 1-9 中的①处。现在需要去刚刚注册时用的电子邮箱中找到 Discord 发送的验证邮件，并点击"验证电子邮件地址"按钮，如图 1-10 所示。

图 1-10　电子邮件验证

此时会看到验证通过界面，如图 1-11 所示。

图 1-11　验证通过

此时点击"继续使用 Discord"按钮，回到主界面，图 1-9 中①处的邮箱验证提示就会不见了。恭喜你完成了 Discord 账号的注册！

1.5 添加 Midjourney 频道

完成 Discord 账号注册后，我们将 Midjourney 添加到刚创建好的服务器上。目前我们停留在图 1-9 所示的主界面中，找到主界面左上方的"探索公开服务器"按钮，如图 1-12 所示。

图 1-12 探索公开服务器

点击"探索公开服务器"按钮，会进入 Discord 社区的发现界面，如图 1-13 所示。

图 1-13 Discord 社区的发现界面

　　默认情况下，图 1-13 中的①处就是我们要添加的 Midjourney。如果没有看到该界面，可以在图 1-13 中②处的搜索框中输入"Midjourney"并搜索。点击图 1-13 中的①处即可进入 Midjourney 服务器，如图 1-14 所示。

图 1-14　进入 Midjourney 服务器

　　初次进入 Midjourney 服务器，会弹出"话题推荐"窗口。点击图 1-14 中的"我就是随便逛逛"按钮，正式进入 Midjourney 服务器，如图 1-15 所示。

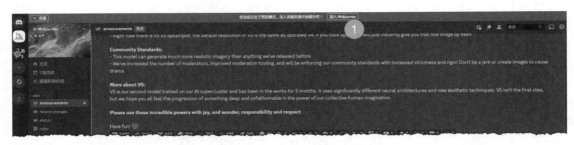

图 1-15　Midjourney 服务器

　　进入 Midjourney 服务器之后，在图 1-15 中的①处可以看到"加入 Midjourney"按钮。点击加入后，需要进行人机验证，根据要求完成验证即可。加入 Midjourney 后，点击界面右上方的"显示成员名单"按钮，如图 1-16 所示。

在弹出的成员列表中找到 Midjourney Bot，如图 1-17 所示。

点击图 1-17 中的任意位置，会弹出添加界面，然后点击"添加至服务器"按钮，如图 1-18 所示。

图 1-16　显示成员名单

图 1-17　找到 Midjourney Bot

图 1-18　添加 Midjourney Bot

之后会弹出选择服务器界面，如图 1-19 所示。在图 1-19 中①处的下拉框中选择刚才创建好的服务器，例如笔者的是"鱼 C 工作室"。选择之后，点击"继续"按钮。

此时会弹出授权界面，如图 1-20 所示。保持默认勾选状态，点击"授权"按钮。

图 1-19　选择服务器

图 1-20　授权操作

这时会再次弹出人机验证窗口，根据要求完成验证即可。然后就能看到授权成功界面了，如图 1-21 所示。

到这一步，我们就将 Midjourney 添加到了自己的 Discord 服务器上。一起来检查一下吧。点击 Discord 界面左上方的频道头像，如图 1-22 中的小龟所示。在你的界面中，此处应为你自己设定的头像。

图 1-21　授权成功

图 1-22　频道头像

这时，界面中会出现图 1-23 所示的两处变化：①处显示了对 Midjourney Bot 的提示，②处显示了 Midjourney Bot 在线。

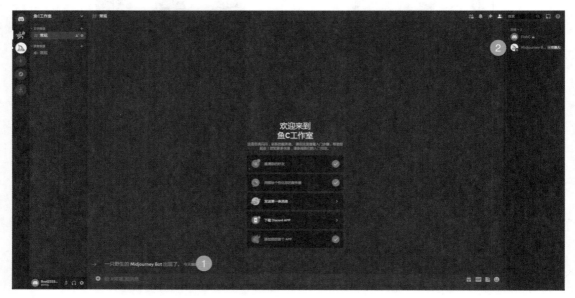

图 1-23　添加成功

恭喜你成功地将 Midjourney 添加到了自己的服务器上！之后，你的每一幅作品都会在这里创建并保存。

1.6　协议和订阅

在正式用 Midjourney 绘制图像之前，还有两件事需要了解：协议和订阅。如何接受协议详见 1.6.1 节。如何付费订阅详见 1.6.2 节。

1.6.1　接受协议

将 Midjourney 添加到我们的服务器上后，还需要接受一个创作协议。在图 1-23 最下方的输入框中输入"/"，此时会弹出 Midjourney 的指令窗口，如图 1-24 所示。

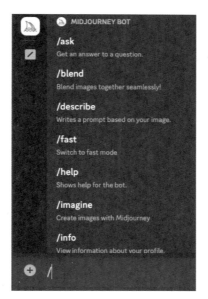

图 1-24　指令窗口

在 Midjourney 中有如下两种输入指令的方式。

❑ 在输入框中手动输入。
❑ 在指令窗口中通过鼠标选择。

指令的定义见 1.8 节，这里不用深究各个指令的具体定义，先跟着操作即可。我们继续在输入框中输入"imagine"，可以看到输入框中会自动出现 prompt 字样，如图 1-25 所示。

图 1-25　输入框中出现 prompt 字样

此时随便输入一些内容，例如 FishC，然后按下键盘上的回车键，会弹出接受协议窗口，如图 1-26 所示。

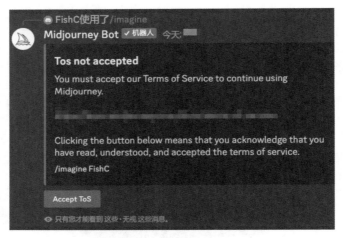

图 1-26　接受协议窗口

点击图 1-26 中的 Accpet ToS 按钮确认接受协议，会弹出订阅通知，如图 1-27 所示。

图 1-27　订阅通知

到此，离我们用 Midjourney 绘制图像只差最后一步了。

1.6.2 付费订阅

目前，Midjourney 官方取消了试用服务。如果在图 1-26 中接受协议后，并未弹出图 1-27 所示的订阅通知，说明免费试用服务又恢复了。

如果弹出订阅通知，请根据需要付费订阅。这里只做演示，不进行任何付费引导，读者可根据自身需要订阅。

点击图 1-27 中的 Open subscription page 按钮打开订阅界面，确认跳转后，会进入 Midjourney 官网，如图 1-28 所示。

图 1-28　Midjourney 官网

如果已经有 Midjourney 账户，可以点击图 1-28 中①处的 Sign in 按钮登录，然后查阅价格。如果没有 Midjourney 账户，需要回到 Discord 界面，在输入框中输入"/subscribe"，然后按回车键确认。这样做会弹出 Midjourney 的回复信息，如图 1-29 所示。

图 1-29　Midjourney 的回复信息

点击图 1-29 中的 Open subscription page 按钮打开订阅界面，确认跳转后就能看到付费表了（具体价格以打开时的显示为准）。

这里简单解释一下 4 种订阅计划。

- ❑ 基本计划：每月快速模式（Fast mode）下 200 分钟（约 200 张）的作图时间，无慢速模式（Relax mode），3 种并发快速作图通道。
- ❑ 标准计划：每月快速模式下 15 小时（约 900 张）的作图时间，无限制慢速模式，3 种并发快速作图通道。
- ❑ 专业计划：每月快速模式下 30 小时（约 1800 张）的作图时间，12 种并发快速作图通道，可用隐身模式。
- ❑ Mega 计划：每月快速模式下 60 小时（约 3600 张）的作图时间，12 种并发快速作图通道，可用隐身模式。

4 种订阅计划的作图质量都是一样的，核心区别是 Midjourney 的作图时间不同。关于快速模式，详见 2.4.4 节。具体如何订阅，请自行选择。

1.7　第一幅 AI 大作

选择适合自己的订阅方式后，就可以让 Midjourney 来绘制图像了。

在输入框中输入"/"，然后输入或者直接用鼠标选择"imagine"，在 prompt 后面输入"cute mini Aloe plant in a pot, white background, depth of field f/2.8 3.5, 50mm lens --ar 3:2"，如图 1-30 所示。

> /imagine　prompt　cute mini Aloe plant in a pot, white background, depth of field f/2.8 3.5, 50mm lens --ar 3:2

图 1-30　提示内容

请先不用管上面句子的含义，跟着写就好。输入完成后，按回车键，会看到 Midjourney 开始执行我们的指令了，如图 1-31 所示。

图 1-31　执行窗口

稍等片刻，Midjourney 会为我们生成 4 张图像，如图 1-32 所示。

图 1-32　结果展示

生成的图像从左到右、从上到下依次标号为 1、2、3、4，见图 1-32 中的①②③④。

在图 1-32 中，U1、U2、U3、U4 按钮分别表示对第 1 张、第 2 张、第 3 张、第 4 张图像执行 U 操作。V1、V2、V3、V4 按钮分别表示对第 1 张、第 2 张、第 3 张、第 4 张图像执行 V 操作。◯ 刷新按钮则表示按照提示重新生成 4 张图像。U 操作和 V 操作的含义如下。

❑ U 操作：放大某张图像，并且完善细节。

❑ V 操作：按照所选图像的风格，生成 4 张新图。

因为图 1-32 中的 4 张图像都很不错，所以不需要按刷新按钮重新生成。挑选我们心仪的图像并放大即可。例如，我们喜欢第 3 张，就点击 U3 按钮，如图 1-33 所示。

图 1-33　点击 U3 按钮

然后 Midjourney 就会展现出我们所选作品的放大版，如图 1-34 所示。

图 1-34　U3 单图

图 1-34 所示矩形框中各个按钮的作用如下所示。

❑ Make Variations：跟 V 操作的功能类似，就是在图像的基础上创建变体。

❑ Light Upscale Redo：对画面进行柔化，类似人脸磨皮。

❑ Beta Upscale Redo：跟 U 操作的功能类似，放大画面并添加细节。

❑ Web：在网页中打开。

❑ Favorite：点赞。

最后，既可以点击图 1-34 中的 Web 按钮，也可以先用鼠标右键点击图像再点击"在浏览器中打开"来保存我们的第一幅作品，如图 1-35 所示。

图 1-35　第一幅 Midjourney 作品

恭喜你用 Midjourney 完成了第一幅 AI 大作！是不是既简单又有趣呢？

1.8 简单了解：提示、参数、指令

接下来，我们简单了解 Midjourney 中的一些术语，这样在后面才不会因为概念混淆而影响学习。建议在本页折一个角，以便回顾。我们先对图 1-30 进行一些标注，如图 1-36 所示。

图 1-36　提示内容解析

在 Midjourney 的世界中，prompt 后面的内容叫作提示，见图 1-36 中最大的矩形框。我们通常喜欢称之为"咒语"，毕竟用一句话就能创造出炫酷的作品，就像念咒语一样神奇！

本书后续统一使用"咒语"来表示 prompt 后的提示内容。咒语不仅限于文本，也可以是图像，通过添加图像地址的方式来获取即可，详细解释见 2.2 节。

图 1-36 所示咒语中红色矩形框中的"--ar 3:2"表示"设置画面宽高比为 3 ∶ 2"。"--"在 Midjourney 中表示这是一个参数。参数可以作为后缀添加在咒语最后，属于咒语的一部分，用于调整图像属性。参数的格式为

--参数 a + 空格 + 参数 a 的值

多个参数可以用空格隔开，如果后面的参数与前面的参数有功能上的重叠，靠后的参数优先级更高，会覆盖前面参数的功能。关于参数的详细解释，参见 2.3 节。

图 1-36 所示的"/imagine"是我们最常用的生成图像指令。"/"在 Midjourney 中表示这是一个指令。不同的指令可以让 Midjourney 执行不同的交互操作，需要在输入框开头指定。例如，在输入框中输入"/"，会弹出如图 1-24 所示的常用指令窗口。

在 Midjourney 中，参数和指令必须按照官方的要求使用，不能有拼写错误或者胡编乱造。我们只能使用预先定义好的指令，而且一次只能使用一条指令来让 Midjourney 绘制图像，按回车键确认后，才可以使用新的指令。关于指令的详细解释，参见 2.4 节。

第 2 章

必备基础知识

我们将在本章解锁 Midjourney 中"参数"和"指令"的玩法。只有掌握了它们，才能将 Midjourney 的功效全部发挥出来。

2.1 Discord 主界面介绍

上一章介绍过，不论是通过本地客户端还是通过网页端使用 Discord，操作界面和功能都是相同的。本书后续将通过 Discord 本地客户端来进行 Midjourney 功能的相关演示，读者根据自身的使用偏好来选择即可。

首先介绍 Discord 主界面。点击"频道头像"后，界面如图 2-1 所示。

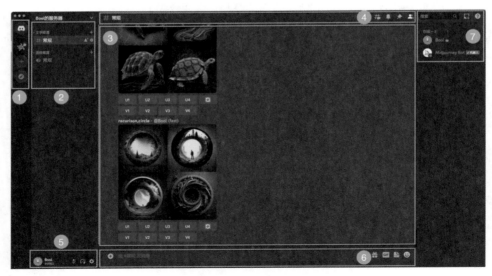

图 2-1 Discord 主界面

在图 2-1 中，我们将 Discord 主界面划分为 7 个区域，下面依次介绍。

①为服务器列表显示区域，这里会以图标的形式显示如下 3 种类型的服务器。

- 用户自定义的，例如图 2-1 中的小龟。
- 其他用户创建的。我们还可以加入 Discord 社区中其他用户创建的服务器，加入方式和 1.5 节中添加 Midjourney 的方式一样。
- 官方提供的，见图 1-13 中的其他服务器。

为了保证 AI 绘画记录是干净的，我们不会加入其他服务器，本书将始终以基于自定义服务器添加 Midjourney 的方式来绘制图像。

点击图 2-1 所示①区域中最上面的 Discord 图标，会进入私信界面，如图 2-2 所示。

图 2-2　私信界面

在私信界面，我们可以添加好友，并与之私聊。图 2-2 中的 Nitro 是用来实现自定义表情、贴图等功能的一项 Discord 付费服务，可以不用订阅。

用鼠标右键点击我们自定义的服务器图标（见图 2-1 所示①区域中的小龟图标），此时会弹出设置菜单，如图 2-3 所示。

在图 2-3 中，最常用的设置就是"编辑服务器个人资料"，我们可以在这里修改服务器的图标和用户名。如果需要创建自己的频道并与他人分享，请点击图 2-3 中的"创建频道"。一旦有了自己的频道，就可以根据兴趣来设置相应的"类别"和"活动"了。我们可以把服务器想象成一座"大树屋"，把每个频道当作树屋中众多独立的、可以进行聊天的好友房间，可以根据自身需要创建或加入。

图 2-3　设置菜单

点击我们自定义的服务器图标，会出现图 2-1 所示的界面。可以在②区域中定义设置文字和语音频道的规则，我们采取默认的设置即可。如果创建或者加入了其他频道，图 2-1 所示的③区域就会像"朋友圈"一样，展示同一个频道下所有成员的动态消息。图 2-1 中④区域和②区域的功能一样，用于设置频道的相关规则。图 2-1 所示的⑦区域中为关系列表，显示在线的好友。因为我们只将 Midjourney 加入自己的服务器，所以这里的⑦区域中只显示我们自己和 Midjourney。

由于我们使用自定义服务器，图 2-1 中的③处就只会显示我们用 Midjourney 绘制图像的全过程，类似于"历史记录"。后续如果有新灵感，可以在此对之前不满意的作品进行加工和优化。

还可以在图 2-1 所示的⑤区域中设置提示声音。因为笔者不喜欢在创作时被打扰，所以将麦克风和耳机都设置为关闭状态，再次点击即可打开，可根据需要进行设置。点击⑤区域中最右侧的"设置"按钮，可以进入设置界面，如图 2-4 所示。

图 2-4　设置界面

在图 2-4 所示的设置界面中，可以通过左侧的相关设置修改用户名、密码等个人资料，按需使用即可。

图 2-1 中的⑥是我们用得最多的区域，可以在输入框中输入"咒语"来让 Midjourney 绘制图像。后续使用的"输入框"如果没有特殊说明，都默认表示这里。如果加入其他频道，也可以通过该输入框与其他好友对话或者点评他人的作品，等等。

2.2 3 种绘画模式

在 Midjourney 中，有 3 种 AI 绘画模式，分别如下：

- ❑ 文字模式；
- ❑ 样图模式；
- ❑ 样图结合文字模式。

我们依次来学习。

2.2.1 文字模式

在 1.7 节中，我们的第一幅作品就是通过"文字描述"来打造的。

在 Discord 程序最下面的输入框中依次输入"/"和"imagine"，然后在 prompt 后面的输入框中输入一个有意义的英文单词，例如"turtle"（龟），如图 2-5 所示。当然，我们也可以输入多个有意义的单词或句子，用英文逗号","隔开，例如"turtle, rainbow, fly"（龟 , 彩虹 , 飞翔），如图 2-6 所示。由于 Midjourney 中的输入方式相同，为了更清楚地展示，后续不再采用如图 2-5 和图 2-6 所示的截图形式，而是直接给出 prompt 后面的咒语，请自行跟着输入。分享一个小技巧：**通过按上方向键↑，可以切换回我们输入的上一条咒语；按下方向键↓则会切换到下一条咒语。**

图 2-5　输入"turtle"

图 2-6　输入"turtle, rainbow, fly"

即使面对如此简单的提示内容，强大的 Midjourney 也依旧能生成高质量的作品。图 2-5 所示咒语的结果见图 2-7，图 2-6 所示咒语的结果见图 2-8。两幅作品是不是都很棒呢?

图 2-7 输入 "turtle" 生成的图像 图 2-8 输入 "turtle, rainbow, fly" 生成的图像

如果想让 Midjourney 创造出更优质的作品，上面的简单描述还远远不够。经过长时间的摸索，笔者发现优质的作品描述通常要按照如下框架来声明：

下面简单解释一下这个咒语框架中各个模块的含义，后续会有详细的介绍。

- ❏ 主体内容：告诉 Midjourney 要绘制的主体是什么，比如乌龟、飞机、航天员等。
- ❏ 环境背景：场景、色调、光照等，详见 3.4 节。
- ❏ 构图：图像的结构，比如水平线构图、三角形构图、斜线构图等，详见 3.5 节。
- ❏ 视图：图像的视角，比如俯视图、侧视图、仰视图等，详见 3.6 节。
- ❏ 参考艺术家：按照艺术家的名字参考其风格，详见 3.7 节。
- ❏ 图像设定：画面宽高比、图像质量等，详见 2.3.1 节和 2.3.2 节。

使用 /imagine 和提示：

portrait of a turtle, dark forest, smoke, red eyes, high quality, excellent detail, dramatic lighting, Cannon EOS R6, ISO800 --ar 1:2

这条咒语的含义是"龟的肖像，黑暗的森林，烟雾，红色的眼睛，高质量，优秀的细节，戏剧性的灯光，Cannon EOS R6，ISO800 --ar 1:2"。通过它生成的图像如图 2-9 所示。

以上就是通过文字描述（即咒语）让 Midjourney 绘制图像的方式。如果你实在不会写咒语，有以下 3 种解决方式。

- ❏ 基于本书提供的咒语，做适当的修改。
- ❏ 下载本书的配套材料（"咒语推荐"文件①），直接照抄咒语并做适当的修改。
- ❏ 采用 2.4.3 节介绍的 /describe 指令反向获取咒语并做适当的修改。

2.2.2　样图模式

首先准备好两张样图，最好分别是人物主体和背景，这样在使用 Midjourney 绘制图像时，就会既有（人物）主体又有背景的色调和纹理。图像格式最好是 .png 或者 .jpg。

在输入框中输入 "/blend"，然后按回车键，此时弹出的界面如图 2-10 所示。默认上传两张样图，点击 image1 或 image2 按钮会弹出上传界面，如图 2-11 所示。此时将准备好的样图依次拖入 image1 和 image2 框中，结果如图 2-12 所示。然后按回车键，生成的图像如图 2-13 所示。

图 2-9　按照咒语框架生成的图像

图 2-10　/blend

图 2-11　上传界面

---

① 请至图灵社区本书主页（ituring.cn/book/3258）下载。——编者注

图 2-12　上传结果

图 2-13　生成图像

如果想上传多张样图，点击图 2-10 中的 "+4 可选" 或者图 2-11 中的 "增加 4"，在弹出的界面中根据需要额外新增即可，如图 2-14 所示。

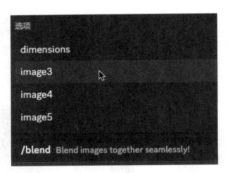

图 2-14　上传更多

图 2-14 中的 dimensions 表示以方形图的形式上传，如果想用原图尺寸，就不需要选择它。以上就是通过样图模式让 Midjourney 绘制图像的方式。

2.2.3　样图结合文字模式

准备好一张或多张样图，先点击输入框最左侧的 "+" 再在弹出的窗口中点击 "上传文件" 或者直接双击 "+"，如图 2-15 所示。在新弹出的窗口中选择图像，然后按下回车键，就能将样图上传给 Midjourney 了，如图 2-16 所示。还有个更快捷的方式，就是直接通过鼠标将样图拖放到 Discord 程序中。你可以按需选择上传方式。接下来将鼠标移到已上传样图（见图 2-16）的上方，然后点击鼠标右键，在弹出的界面中选择"复制链接"，如图 2-17 所示。

图 2-15　上传符号　　　　　图 2-16　完成上传　　　　　图 2-17　复制链接

　　接下来，在输入框中输入"/imagine"，然后粘贴刚才复制的链接，再输入空格并写入我们想要呈现的咒语。这里，我们在 /imagine 后粘贴图像链接并输入"holding a coffee cup"（拿着一个咖啡杯）：

　　　https://cdn.discordapp.../FishC.png holding a coffee cup

其中"…"为省略的图像链接。生成的图像如图 2-18 所示。

图 2-18　生成图像

如果有多张样图，那么每个链接都要用空格隔开：

　　链接 1　链接 2　…　链接 n　其他关键词

以上就是通过样图结合文字让 Midjourney 绘制图像的方式。

2.3 参数

在 Midjourney 中,可以通过在咒语最后添加参数,让用户自定义宽高比、风格值、创意程度等。需要注意的是,-- 必须是英文字符,所以一定要选择英文输入法。

2.3.1 --aspect 或 --ar(画面宽高比)

画面宽高比就是成品图的宽高比(aspect ratio),通过 --aspect 或 --ar 参数来调整。老版本(V1 ~ V4)使用 --aspect,新版本 V5 既可以使用 --ar 也可以使用 --aspect。目前 Midjourney 官方的默认版本是 V5,所以可以直接使用 --ar。

在 V4 版本中,--ar $m:n$ 中的 $m:n$ 只支持设置为 1:1、3:2 或 2:3。V5 版本则只要求 m 和 n 是整数,不能出现小数,例如 2.4:1 是不可以的。如果不指定 --ar,默认成品图为正方形(宽高比为 1 : 1)。

下面推荐一些常见的宽高比。

- ❑ --ar 1:1:默认宽高比。
- ❑ --ar 5:4:常见的框架和打印宽高比。
- ❑ --ar 3:2:印刷品、摄影作品的常见宽高比。
- ❑ --ar 16:9:高清电视机或笔记本计算机的常见屏幕宽高比。
- ❑ --ar 9:16:智能手机的常见屏幕宽高比。

画面宽高比已经标准化,例如 --ar 3:2 和 --ar 1920:1280 表示相同的宽高比。

2.3.2 --quality 或 --q(画面质量)

画面质量表示成品图的精细程度,通过 --quality 或 --q 参数来调整。老版本(V1 ~ V4)使用 --quality,新版本 V5 既可以使用 --q 也可以使用 --quality。为了方便记忆,直接使用 --q 即可。

--q 用来设置画面质量,有 4 个值:0.25[①]、0.5、1 和 2,默认值为 1。值越大,表示画面细节越多,Midjourney 的渲染时间越长。使用 /imagine 和提示:

> A cute turtle, wearing Chinese tradition costume, cute 3D dolls --q n

---

① 在 Midjourney 官方文档中,整数部分为 0 的小数均省略了小数点前的 0,如 .25、.5 等。我们在实际编写咒语时,既可以采用 0.n 也可以采用 .n 的形式。

如果 --q 的值依次为 0.25、0.5、1 和 2，那么对比效果如图 2-19 所示。

图 2-19 不同 --q 值的对比效果

--q 的值越大，渲染时间越长，消耗的"订阅时长"越长。

2.3.3 --version 或 --v（模型选择）

模型选择表示选用 Midjourney 底层不同的算法模型（版本），通过 --version 或 --v 参数来调整。老版本（V1 ～ V4）使用 --version，V5 及后续版本既可以使用 --v 也可以使用 --version。为了方便记忆，直接使用 --v 即可。

--v *n*（其中 *n* 为整数 1、2、3、4 或 5）表示 Midjourney 的版本。需要注意的是，输入"--v 5"后，系统会自动加上"style5b"。如果想切换为另一种选择风格，就必须直接输入，如"--v 5 --style5a"。常见版本的兼容性如表 2-1 所示。

表 2-1 版本兼容性

	V5	V4	V3	Niji
--aspect / --ar	无限制	1∶2 或 2∶1	5∶2 或 2∶5	1∶2 或 2∶1
--stylize / --s	0 ～ 1000	0 ～ 1000	625 ～ 60 000	×
--quality / --q	✓	✓	✓	✓
--iw	✓	×	✓	×
--no	✓	✓	✓	✓
--chaos / --c	✓	✓	✓	✓
--seed	✓	✓	✓	✓
--sameseed	×	×	✓	×
--stop	✓	✓	✓	✓
--tile	✓	×	✓	×
--video	✓	×	✓	×

✓表示兼容，×表示不兼容。

对于初学者来说，一般不需要指定 --v，默认使用 V5 或 V4 版本就可以。切换版本的操作详见 2.4.11 节。后续案例如果用到其他版本，会进行特殊说明。

2.3.4　--chaos 或 --c（创意程度）

创意程度表示生成图像的创意性和多样性，通过 --chaos 或 --c 参数来调整。老版本（V1 ～ V4）使用 --chaos，新版本 V5 既可以使用 --c 也可以使用 --chaos。为了方便记忆，直接使用 --c 即可。

--c 的默认值为 0，可以设置为 0 ～ 100 范围内的任意整数。使用 /imagine 和提示：

A cute turtle, wearing Chinese tradition costume, cute 3D dolls --c n

如果 --c 的值依次为 0、50 和 100，那么对比效果如图 2-20 所示。

图 2-20　不同 --c 值的对比效果

--c 的数值越大，生成的图像就越具创意。

2.3.5　--stylize 或 --s（风格值）

风格值表示生成图像的艺术性以及图像与咒语之间的关联程度，通过 --stylize 或 --s 参数来调整。老版本（V1 ～ V4）使用 --stylize，新版本 V5 既可以使用 --s 也可以使用 --stylize。为了方便记忆，直接使用 --s 即可。

--s 的默认值为 100，可以设置为 0 ～ 1000 范围内的任意整数。使用 /imagine 和提示：

A cute turtle, wearing Chinese tradition costume, cute 3D dolls --s n

如果 --s 的值依次为 0、50、100、300 和 900，那么对比效果如图 2-21 所示。

图 2-21　不同 --s 值的对比效果

--s 的数值越大，图像的艺术性越强，同时生成图像和咒语的偏差也会越大。

不同版本的 Midjourney 具有不同的风格化范围，--s 的取值范围如表 2-2 所示。

表 2-2　--s 的取值范围

	V5	V4	V3	Niji
默认值	100	100	2500	×
取值范围	0 ~ 1000	0 ~ 1000	625 ~ 60 000	×

× 表示不支持。

2.3.6　--style（样式）

样式参数主要在 Midjourney 的 V4 版本中使用，分为 4a、4b 和 4c 这 3 种风格。使用 /imagine 和提示：

A cute turtle, wearing Chinese tradition costume, cute 3D dolls --v 4 --style *n*

如果 --style 的值依次为 4a、4b 和 4c，那么对比效果如图 2-22 所示。

图 2-22 不同 --style 值的对比效果

上述咒语通过 --v 4 将 Midjourney 切换为了 V4 版本。注意，本节指令中的 4 和 --style 之间要有一个空格。设置不同的 --style 值，除了风格各不相同外，对画面宽高比的兼容性也不相同，分别如下。

❑ 4a 和 4b 仅支持 1 ：1、2 ：3 和 3 ：2 的宽高比。

❑ 4c 支持高达 1 ：2 或 2 ：1 的宽高比。

如果没有特殊需求，建议使用最新的 V5 版本。

2.3.7 --seed / --sameseed 与 Job ID（画面微调）

画面微调表示通过编号控制 Midjourney 生成相似的图像，通过 --seed 或 --sameseed 参数来调整。为了方便记忆，直接使用 --seed 即可。

Midjourney 的内置算法会为生成的每张图像随机分配一个 seed 编码，如果采用相同的编码，则将生成相似的图像（在 V4、V5 和 Niji 版本下甚至会完全相同）。seed 值默认是一个随机数，可以设置为 0 ～ 4 294 967 295 范围内的任意整数。在 V5 版本中，无法获取放大图像的 seed 值，只能获取四格小图（Grid）的 seed 值。如果要获取单张图像的 seed 值，需要通过 --v 切换回 V4 版本。

　　将鼠标移动到需要查看 seed 值的图像上方，然后点击鼠标右键，在弹出的界面中选择"添加反应"，如图 2-23 所示。

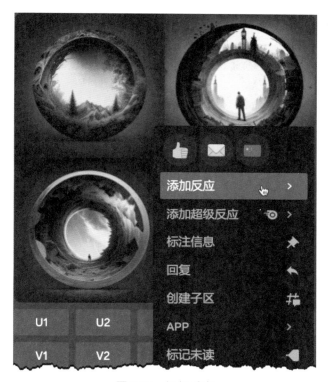

图 2-23　添加反应

　　添加反应可以被理解为对指定作品添加 emoji（表情符号）反馈。将鼠标移动到"添加反应"上方后会弹出下一级菜单，如图 2-24 所示。

图 2-24　添加反应→显示更多

　　如果之前添加过相关反应，会在图 2-24 中看到使用过的"反应"。如果是首次使用，点击"显示更多"会弹出反应选择页面，如图 2-25 所示。

图 2-25　反应选择页面

　　在图 2-25 中用矩形框标记的输入框中输入"envelope"，在出现的图标中点击图 2-26 所示的第一个信封图标。

　　稍等片刻，Discord 程序左上方会显示收到了 Midjourney 的一封私信，如图 2-27 所示。

图 2-26　选择图标

图 2-27　私信通知

点击图 2-27 中的 Midjourney 图标，会看到带有 seed 值的私信内容，如图 2-28 所示。

图 2-28 私信内容

图 2-28 中①处的 3719785520 就是我们需要的 seed 值。可以通过这种方式获取你感兴趣的其他图的 seed 值。

图 2-28 中②处的 62b356de-29f2-4609-be1c-1f65c7f9cf9a 为 ID 值，它与 seed 值的关系和区别是：seed 值是 ID 值的一部分；ID 值复刻了图像生成的全过程，而 seed 值只是该过程中选用的生成算法。复制①处的值，使用 /imagine 和提示：

recursion circle --seed 3719785520

生成的图像如图 2-29 所示。

图 2-29　使用 --seed 参数生成的图像

图 2-29 中图像和图 2-28 中图像的构图非常相似，但又不完全一样，因为设置 seed 值只是确保 Midjourney 的绘制方向保持一致，所以最终图像仍将有一些不同和变化。

2.3.8　--no（排除项）

排除项表示不在图像中出现的元素。例如，--no plants 表示生成的图像中不要出现植物。使用 /imagine 和提示：

A cute turtle, wearing Chinese tradition costume, cute 3D dolls --no red color

生成的图像如图 2-30 所示。

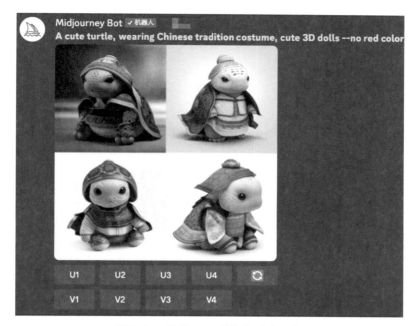

图 2-30　使用 --no 参数生成的图像

可以看到，通过 --no 参数设置排除红色（red color）后，图 2-30 中就不会出现红色了。

2.3.9　--stop（暂停进度）

暂停进度表示暂停图像生成过程，并将此时的图像直接作为最终图像。

--stop 的默认值为 100，可以设置为 0 ～ 100 范围内的任意整数。使用 /imagine 和提示：

A cute turtle, wearing Chinese tradition armor, cute 3D dolls --stop *n*

如果 --stop 的值依次为 10、40、66 和 90，那么对比效果如图 2-31 所示。

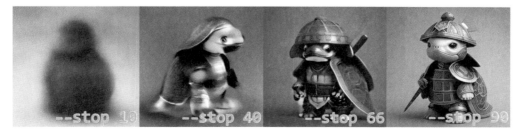

图 2-31　不同 --stop 值的对比效果

不指定 --stop 参数则默认为完整渲染，等价于 --stop 100。使用 --stop 参数，会在流程中途完成图像生成作业。当数值较小时，会产生更模糊、更不详细的图像。

2.3.10　--tile（无缝贴图单元）

无缝贴图单元表示生成的图像可无缝连接并铺满屏幕。--tile 只适用于 V1、V2 和 V3，与其他版本都不兼容，在使用时会报错，如图 2-32 所示。

图 2-32　提示版本不兼容

使用 /imagine 和提示：

colorful tiger stripes --v 3 --tile

通过 --v 3 切换到 V3 版本，然后设置无贴图，生成的图像如图 2-33 所示。

图 2-33　使用 --tile 参数生成的图像

使用 --tile 可以创建织物、壁纸和纹理等无缝图案。

2.3.11 --iw（样图参考值）

样图参考值表示提示中咒语和样图的权重比。iw 即 image weight（图像权重）的缩写。V5 版本中 --iw 的默认值为 1，可以设置为 0.5 ~ 2 范围内的数。V4 版本不支持 --iw。V3 版本中 --iw 的默认值为 0.25，可以设置为 -10 000 ~ 10 000 范围内的整数。建议直接按 --iw 在 V5 版本中的用法设置权重。

我们先上传一张样图，然后获取其链接（具体操作请回顾 2.2.3 节的内容）。上传完成后，如图 2-34 所示。

图 2-34　上传图片

使用 /imagine 和提示：

[图像链接] flowers, birthday cake --iw *n*

如果 --iw 的值依次为 0.5、1、1.75 和 2，那么对比效果如图 2-35 所示。

图 2-35 不同 --iw 值的对比效果

从图 2-35 中可以看出：--iw 的值越大，生成的图像越接近样图；--iw 的值越小，生成的图像越接近咒语。我们还可以通过 --iw 实现复杂的垫图操作，参见 3.3 节。

2.3.12 --creative 与 --test / --testp（测试算法创意）

通过测试算法创意会生成更具创意的图像。--creative 用于测试算法模型，增加生成图像的创意，它必须与 --test 或 --testp 组合使用，不能单独使用。--test 使用测试版本的算法模型。--testp 则使用摄影风格的测试算法模型。这 3 个参数可以用来测试 Midjourney 社区发布的最新模型。使用 /imagine 和提示：

vibrant, Chinese peonies

生成的图像如图 2-36 所示。

图 2-36 不使用参数生成的图像

图 2-36 就是未使用算法测试参数生成的图像。保持咒语不变，依次在后面添加：

❑ --test
❑ --testp
❑ --test --creative
❑ --testp --creative

对比效果如图 2-37 所示。

图 2-37 测试创意对比

关于 --test 和 --testp，需要做如下说明。

❑ 不支持多提示或图像提示。
❑ 最大宽高比为 3 ∶ 2 或 2 ∶ 3。
❑ 当宽高比为 1 ∶ 1 时，生成的只有两个初始图像。
❑ 当宽高比非 1 ∶ 1 时，生成的只有一个初始图像。

请根据自己的创意需求来组合使用本节的 3 个参数。

2.3.13 --niji（动漫风）

动漫风表示使用动漫风的 niji 算法模型。Niji 模型是 Midjourney 和 Spellbrush 合作开发的，目的是生成动漫和插画风格的图像。Niji 模型对动漫、动漫风和动漫美学有更深入的了解。使用 /imagine 和提示：

```
turtle --niji
```

生成的图像如图 2-38 所示。

图 2-38　使用 --niji 参数生成的图像

添加 --niji 参数后，生成图像的内容风格会更偏向动漫和插画风格。

2.3.14 --uplight、--upbeta 和 --upanime（升频）

升频表示使用 Midjourney upscaler 来增大图像尺寸并添加细节。Midjourney 默认为每幅图像生成一个低分辨率的图像网格。我们可以在任何网格图像上使用本节的 3 个参数来增大其尺寸并添加细节。--uplight 在放大图像的同时添加少量细节纹理。--upbeta 在放大图像的同时不添加细节纹理。--upanime 在放大图像的同时增加动画插画风格，只能用于使用 --niji 参数的情况。

不同版本中的图像放大尺寸上限如表 2-3 所示。

表 2-3　放大尺寸上限

	初始网格尺寸	V4 默认放大	细节放大	Light 放大	Beta 放大	Anime 放大	Max 放大
V5	1024×1024	×	×	×	×	×	×
V4	512×512	1024×1024	1024×1024	1024×1024	2048×2048	1024×1024	×
V1～V3	256×256	×	1024×1024	1024×1024	1024×1024	1024×1024	1664×1664
Niji	512×512	1024×1024	1024×1024	1024×1024	2048×2048	1024×1024	×
test / testp	512×512	×	×	×	2048×2048	1024×1024	×
hd	512×512	×	1536×1536	1536×1536	2048×2048	×	1024×1024

× 表示不支持。

本节的 3 个参数主要用于将 V1～V4 版本中的图像放大。在 V5 版本中，可以直接通过生成图像下方的 U 操作按钮实现，如图 2-39 所示。

图 2-39　放大按钮

2.3.15　--hd（高清）

高清参数用于生成尺寸更大、更清晰的图像，它背后的算法模型更适合抽象和风景类的咒语，但无法很好地保持构图的一致性。--hd 参数只适用于 V1～V3 版本，在 V4 和 V5 版本中无法使用。使用 /imagine 和提示：

vibrant, Chinese peonies --hd --v 3

生成的图像如图 2-40 所示。

图 2-40 使用 --hd 参数生成的图像

2.3.16 --video（渲染视频）

渲染视频表示将图像的生成过程输出成视频，通过 --video 参数创建视频。使用 /imagine 和提示：

vibrant, Chinese peonies --video --v 3

然后通过 2.3.7 节介绍的方法使用 envelope 表情符号对完成的工作做出反应，如图 2-41 所示。

图 2-41 添加反应

这样，Midjourney Bot 就会用私信将视频链接发给我们，如图 2-42 所示。

图 2-42　获取视频链接

　　点击图 2-42 中①处的播放按钮就能看到完整的渲染过程。点击图 2-42 中②处的链接，可以下载该视频。点击该链接后会跳转到浏览器，首先点击图 2-43 中①所示的标记，然后点击弹出页面中的"下载"即可。

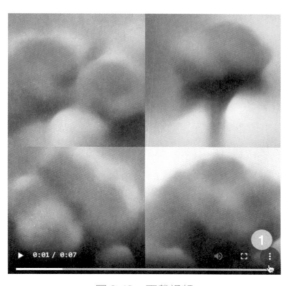

图 2-43　下载视频

关于 --video，有如下两个注意事项。

❏ --video 只适用于四格小图。也就是说，--video 仅适用于图像网格，不适用于放大的图像。
❏ --video 适用于版本 V1、V2、V3、--test 和 --testp。

2.3.17　--repeat（重复工作）

重复工作表示人工指定 Midjourney 生成图像的次数，目前仅限标准和专业计划用户使用。用法是输入"--repeat"和一个数 n，其中 n 表示运行次数。使用 /imagine 和提示：

fire, turtle --repeat 3

按回车键后会看到 Midjourney 的一个确认提示，如图 2-44 所示。

图 2-44　确认提示

图 2-44 让我们确认是否要使用 --repeat，点击 Yes 按钮即可。然后就会看到生成了 3 张图像。对于标准计划，n 取值为 2 ~ 10 的整数；对于专业计划，n 取值为 2 ~ 40 的整数。重复 n 次就相当于消耗 n 倍的使用时间。

2.4　指令

指令用于创建图像，更改默认设置，监听用户信息，以及执行其他有用的任务。我们通过输入指令与 Midjourney 交互。到目前为止，我们只用过一个指令，那就是 /imagine。

Midjourney 指令可以在：

❏ 任何 Bot Channel 中使用；
❏ 允许 Midjourney Bot 运行的私有 Discord 服务器上使用；
❏ 与 Midjourney Bot 的直接对话消息中使用。

下面开始学习指令的具体用法。

2.4.1 /ask（官方解惑）

/ask 指令用于向 Discord 中的机器人提问并获得答案。它的作用类似于 2.4.6 节将介绍的 /help 指令，可以用来获取 Midjourney 官方提供的帮助信息，而 Midjourney 会通过回答问题的方式提供帮助。在输入框中输入"/ask"，然后按回车键，弹出的界面如图 2-45 所示。

图 2-45　/ask 指令

在图 2-45 中的①处，我们需要用英文输入问题，例如输入"How to use Midjourney"（如何使用 Midjourney），然后按回车键确认，弹出的界面如图 2-46 所示。

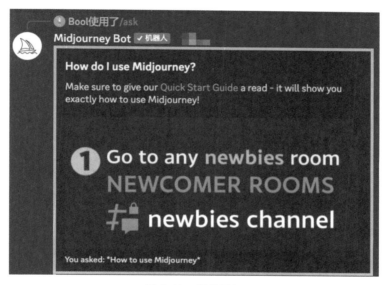

图 2-46　提供回复

图 2-46 中的矩形框内，就是 Midjourney 根据我们的提问给出的答案，以 .gif 动图格式显示了如何使用 Midjourney。如果你遇到问题，也可以通过该方式提问。

2.4.2 /blend（图像混合）

/blend 指令可以将两张图像混合起来产生新的图像，在 2.2.2 节中有详细的介绍，这里不做过多解释。补充一个容易忽略的知识点：**混合后图像的默认宽高比为 1：1**。不过，可以使用 dimensions 来设置宽高比为 Portrait、Square、Landscape，这 3 个值依次代表 3：2、1：1、

2：3，即人像、正方形、风景照的通用宽高比。

这些自定义后缀应添加到 /blend 提示的末尾，作为 /blend 指令一部分，设置新的宽高比。例如，设置混合后图像的宽高比为 3：2，那么上传要混合后的图像后，点击输入框末尾，当出现输入光标后，先输入 "dimensions"，再输入或者选择 "Portrait"，如图 2-47 所示。生成的图像如图 2-48 所示。

图 2-47　指定混合后的宽高比

图 2-48　使用 /blend 指令生成的图像

从图 2-48 中可以看出，修改宽高比会影响生成图像的显示效果。请根据需要自行选择混合后的画面宽高比。

2.4.3 /describe（看图出咒语）

/describe 指令会根据上传的图像生成 4 条咒语。在输入框中输入"/describe"，然后按回车键，弹出的界面如图 2-49 所示。

将准备好的一张图像拖放到图 2-49 所示的上传窗口中，然后按回车键确认。可以看到 Midjourney 生成了 4 条咒语，如图 2-50 所示。

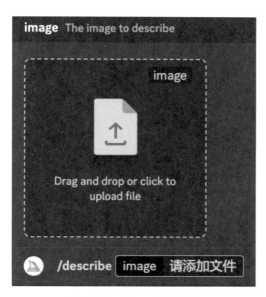

图 2-49　/describe 界面

图 2-50　上传后生成的咒语

图 2-50 中最下面的数字按钮依次对应上面的 4 条咒语。直接点击就能根据这条咒语生成相应的图像。假设我们觉得第 3 条咒语描述得比较清晰，就点击按钮 3，这样会弹出咒语提交页面，如图 2-51 所示。

图 2-51　咒语提交页面

如果此时想继续优化咒语，可以在图 2-51 所示的输入框中添加新的关键词。没有修改的话，直接点击"提交"按钮即可，生成的图像如图 2-52 所示。

图 2-52　使用 /describe 指令生成的图像

图 2-52 中的图像虽然和图 2-50 中上传的图像不完全一样，但是整体风格趋于一致。假设你有一张想模仿的图像，又不知道如何描述它，这时候就可以用 /describe 反推咒语。

2.4.4　/fast 和 /turbo（快速模式和极速模式）

/fast 指令用于让 Midjourney 开启快速模式（Fast mode），与 2.4.5 节将介绍的 /relax 指令功能相反。Midjourney 中默认采用快速模式作图。在输入框中输入"/fast"，然后按回车键，弹出的界面如图 2-53 所示。

图 2-53　启动 /fast

请注意，对于不同的订阅计划，每月可用的 GPU 时间不同（详细区别见 1.6.2 节）。GPU 时间就是快速模式的作图时间。设置 /fast 指令后，Midjourney 将按最高优先级处理任务，消耗用户每月可用的 GPU 时间。不管在哪种订阅计划中，当快速模式的时间用完后，都需要额外支付相应的费用来购买时间，如图 2-54 所示。

图 2-54　购买时间通知

根据笔者在使用时的观察，处理文本生成图像任务需要大约 1 分钟的 GPU 时间。放大图像或使用非标准宽高比可能需要更长时间，而创建 V 操作变体或使用较小的 --q 值只会消耗少量时间。决定任务时长的常见因素如表 2-4 所示。

表 2-4 任务时长的决定因素

	成本更低	平均成本	成本更高
工作类型	V 操作	/imagine	U 操作
宽高比	×	默认为 1∶1	高或宽
模型版本	×	默认为 --v 4	--test 或 --testp
质量参数	--q 0.25 或 --q 0.5	默认为 --q 1	--q 2
停止参数	--stop 10 或 --stop 99	默认为 --stop 100	×

× 表示没有对应的因素。

表 2-4 中的 V 操作和 U 操作在 1.7 节中详细讲过，这里不做过多解释。在执行一个任务之前或者之后，可以使用 2.4.6 节将介绍的 /info 指令来查看当前剩余的 GPU 时长。

/turbo 指令用于让 Midjourney 开启极速模式（Turbo mode），生成图像的速度是快速模式的 4 倍，消耗的时间则是快速模式的 2 倍。如果没有特殊需要，使用快速模式即可。

2.4.5 /relax（慢速模式）

/relax 指令用于让 Midjourney 开启慢速模式（Relax mode），与 2.4.4 节介绍的 /fast 指令功能相反。Midjourney 中默认采用快速模式，因为在慢速模式下需要在服务器中排队，有时快有时慢，排队结束后才会生成图像。在输入框中输入"/relax"，然后按回车键，弹出的界面如图 2-55 所示。

图 2-55 启动 /relax

使用 /relax 的好处就是，可以无限量作图。请注意，只有标准和专业计划用户才能使用 /relax，基本计划用户则无法使用该指令。

2.4.6 /help（帮助）

/help 指令用于显示有关 Midjourney 的基本信息和指南。在输入框中输入"/help"，然后按回车键，弹出的界面如图 2-56 所示。

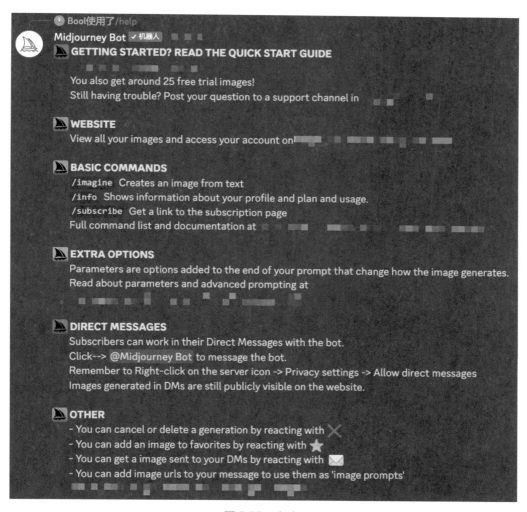

图 2-56　/help

图 2-56 中给出了 Midjourney 的一些帮助文档的链接。既然你正在阅读本书，那么一些基础问题应该可以从本书中找到答案。

2.4.7　/imagine（生成图像）

/imagine 指令根据我们输入的咒语生成图像，是 Midjourney 中最基本的指令。在 2.3 节中，我们都是通过该指令生成图像的，这里不做过多解释。

2.4.8 /info（信息）

/info 指令用于查看相关的订阅信息和作业模式等。因为每个人订阅的内容不同，显示的信息也会不同，所以这里不做截图展示。在输入框中输入"/info"后，弹出的界面中会从上到下显示如下信息。

- ❑ Subscription：订阅时间。
- ❑ Job Mode：作业模式。
- ❑ Visibility Mode：可见性模式。
- ❑ Fast Time Remaining：快速模式剩余时长。
- ❑ Lifetime Usage：服务资源使用时长。
- ❑ Relaxed Usage：慢速模式使用时长。
- ❑ Queued Jobs (fast)：排队作业（快速模式）。
- ❑ Queued Jobs (relax)：排队作业（慢速模式）。
- ❑ Runing Jobs：运行作业。

具体值以我们自己的数据为准。

2.4.9 /stealth（隐身模式）

/stealth 指令用于开启隐身模式，只有用户自己才能看到生成的图像。请注意，只有专业计划用户才能使用 /stealth，基础和标准计划用户则无法使用该指令。

2.4.10 /public（公共模式）

/public 指令用于开启公共模式。在 Midjourney 中，个人生成的作品默认是对所有人可见的。基础和标准计划用户无法使用该指令，因为无法设置 /stealth，所以不存在切换为公共模式的需要。

2.4.11 /settings（设置）

/settings 指令用于设置 Midjourney 的相关属性。在输入框中输入"/settings"，然后按回车键，弹出的界面如图 2-57 所示。

图 2-57　/settings

图 2-57 中的绿色标签表示默认选项，完整显示了当前 Midjourney 的默认设置：使用 V5 版本，生成基础质量且与咒语较相关的图像，公共模式，高变化模式，快速模式。点击其他按钮即可完成设置的切换。接下来根据图 2-57 中数字序号的顺序，逐行解释每个功能。

第①行和第②行表示 Midjourney 的版本号，绿色标签表示当前使用的版本，图 2-57 中的 MJ version 5 即 V5 版本。如果我们想切换到 V4 版本，直接点击 MJ version 4 即可，如图 2-58 所示。该操作与2.3.3 节介绍的 --v 参数功能相同，可用来切换 Midjourney 版本，请

图 2-58　切换为 V4

根据需要进行选择。第②行中的第一项 MJ version 5.1 相较于 V5 版本的优势是：整体画面更连贯，文本咒语效果更好，清晰度更高，以及减少了画面中不必要的边框和文本阴影（详见 3.11节）。第②行中的第二项 MJ version 5.2 是目前的最新版本（详见 3.12 节）。如果看到其他版本标识，说明 Midjourney 官方又更新了新的版本。

如果需要创建动漫风图像，就在第②行的后两个选项 Niji version 4 和 Niji version 5 中任选其一。如果想生成动画风格的照片，建议优先使用 2023 年 4 月上线的 Niji version 5。Niji 的进阶用法详见 3.8 节。

第③行中的 4 项表示风格参数，有 low、med、high 和 very high 这 4 种模式，生成图像的艺术性依次增强（越来越符合咒语的描述），消耗的 GPU 和额度也依次增多。Style low 相当于--s 50，Style med 相当于 --s 100，Style high 相当于 --s 250，而 Style very high 相当于 --s 750。

第④行中的 Public mode 是公共模式，即所有人都可以看到生成的图像，详见 2.4.10 节。Stealth mode 是隐身模式，即只有自己能看到生成的图像，详见 2.4.9 节。Remix mode 是微调模

式，可以对局部风格进行调整。选中它后，可以微调通过 V 操作放大的图像，稍后进行演示。High Variation Mode 和 Low Variation Mode 仅作用于 V5.2 及后续版本，详见 3.12 节。如果版本不符合要求，即使选中这两个标签也不会生效。

第⑤行中的 Turbo mode 是极速模式，详见 2.4.4 节。Fast mode 是快速模式，详见 2.4.4 节。Relax mode 是慢速模式，详见 2.4.5 节。最后的 Reset Settings 表示一键恢复到 Midjourney 默认设置。

在 Midjourney 的其他版本中，设置界面中还会出现 Half quality、Base quality 和 High quality (2x cost) 标签，它们表示图像的质量参数，质量越高、图像效果越好。默认选择的是 Base quality，即基础质量。选择 High quality (2x cost) 生成的图像质量最佳，但渲染时间也最长，消耗的 GPU 和额度也最多。Half quality 相当于 --q 0.5，Base quality 相当于 --q 1，而 High quality (2x cost) 相当于 --q 2。

保持其他设置不变，点击 Remix mode，如图 2-59 所示。

图 2-59　切换为 Remix mode

然后找到已生成好的图像或者重新生成一张图像。这里选择之前已经生成好的作品，例如对图 2-60 所示的第 2 张图像进行微调。

图 2-60　选择要微调的图像

　　点击 V2 按钮会弹出微调界面，只将咒语中的"turtle"替换为"dragon"，然后点击"提交"按钮，如图 2-61 所示。生成的图像如图 2-62 所示。

图 2-61　微调界面

图 2-62　微调结果

通过对比图 2-62 和图 2-60 中的原图可以发现：二者的整体风格几乎一样，只有一些细微的变化，例如皮肤上增加了一些龙元素等。提示：如果没有开启微调模式，则点击 V 按钮后会默认直接生成新作品。

2.4.12 /prefer remix（微调模式）

/prefer remix 指令用于进行微调，和刚才介绍的 Remix mode 标签功能一样。如果默认开启了微调模式，那么在输入框中输入"/prefer remix"并按回车键，会提示已经关闭了微调模式，弹出的界面如图 2-63 所示。

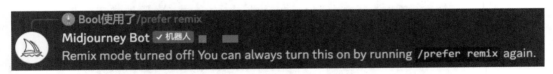

图 2-63 关闭 Remix mode 的提示

再次在输入框中输入"/prefer remix"并按回车键，就能开启微调模式，如图 2-64 所示。

图 2-64 开启 Remix mode 的提示

/prefer remix 指令和 Remix mode 标签相当于同一个开关，能用来开启和关闭微调模式。

2.4.13 /prefer auto_dm（发送确认）

/prfer auto_dm 指令可以通过私信将完成的图像发送到我们的消息中。在输入框中输入"/prefer auto_dm"，然后按回车键，弹出的界面如图 2-65 所示。

图 2-65 开启私信确认

开启私信确认，当通过咒语生成图像后，会在界面左上方的频道头像处收到提示，如图 2-66 所示。默认是没有该提醒的。

图 2-66　开启私信确认后收到提示

如果不需要提醒，再次输入"/prefer auto_dm"并按回车键就可以将其关闭，如图 2-67 所示。

图 2-67　关闭私信确认

2.4.14　/prefer option set（自定义参数设置）

/prefer option set 指令用于创建或管理自定义参数。通过该指令还可以对我们常用的参数进行自定义组合。例如，笔者经常需要设置"--hd --ar 16:9 --no red"（高清，宽高比 16∶9，排除红色）。如果不想每次都这样在咒语中添加，就可以通过自定义一个参数来保存上面的设置，后续只需调用该自定义参数即可。在输入框中输入"/prefer option set"，然后按回车键，弹出的界面如图 2-68 所示。

图 2-68　开启自定义

在图 2-68 中的①处输入自定义参数的名字，例如 fishc，然后点击②处的"增加 1"。在弹出的界面中选择 value，如图 2-69 所示。

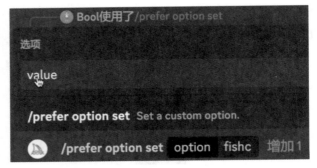

图 2-69　自定义设置

然后在 value 后面的输入框中输入我们要指定的值"--hd --ar 16:9 --no red"，如图 2-70 所示。按回车键确认后，弹出的界面如图 2-71 所示。

图 2-70　设置值

图 2-71　自定义设置确认

此时就可以在创建图像的咒语最后添加 --fishc 了，如图 2-72 所示。

图 2-72　在咒语中添加自定义参数

自定义参数的值除了参数，也可以指定为咒语。可以通过 /prefer option list 来查看自定义参数，详见 2.4.15 节。

2.4.15　/prefer option list（自定义参数列表）

/prefer option list 指令用于查看自定义参数列表。在输入框中输入"/prefer option list"，然后按回车键，弹出的界面如图 2-73 所示。

图 2-73 自定义选项

从图 2-73 中可以看出，我们自定义了两个参数，分别名为 wallpaper 和 fishc。--fishc 参数的自定义过程详见 2.4.14 节。

2.4.16 /prefer suffix（后缀）

/prefer suffix 指令用于在咒语的最后批量添加参数后缀。在输入框中输入"/prefer suffix"，然后按回车键，在弹出的界面中选择 new_value，如图 2-74 所示。

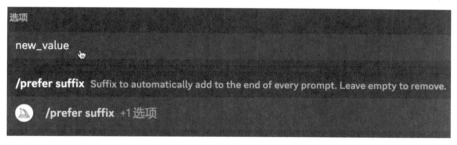

图 2-74 设置后缀

然后在输入框中输入要统一添加的后缀，例如"by Leonardo da Vinci --niji --ar 9:16"（达·芬奇的风格，Niji 模式，宽高比 9 : 16），如图 2-75 所示。按回车键确认后显示添加成功，如图 2-76 所示。

图 2-75 设置后缀内容

图 2-76 设置后缀成功

这样在后续输入咒语时，例如输入"vibrant, Chinese peonies"，Midjourney 将自动添加后缀，如图 2-77 所示。

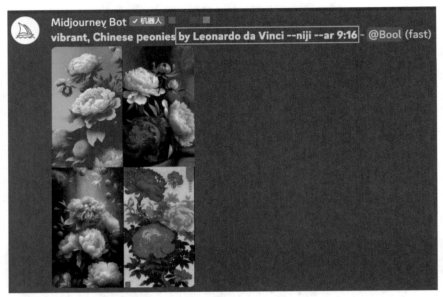

图 2-77　添加后缀

图 2-77 中的矩形框中就是自动添加的后缀内容。注意，/prefer suffix 只能添加参数，不能添加咒语。如果不再需要固定后缀，再次输入"/prefer suffix"并按回车键就能将其取消，如图 2-78 所示。

图 2-78　取消添加后缀

使用 /prefer suffix 可以方便地添加固定后缀，避免重复操作，提升创作效率。

2.4.17　/show（重新生成）

/show 指令可以结合任务 ID 生成原图。如何查看 job_id 详见 2.3.7 节。这里，我们要根据 ID d6f3fe8c-49c2-4b9c-ad8a-c0cf4931e95c 来复刻原图。在输入框中输入"/show"，然后输入上面的 ID 值，如图 2-79 所示。按回车键确认，弹出的界面如图 2-80 所示。

图 2-79　指定 ID

图 2-80　使用 /show 的结果

使用 /show，不仅可以根据图像 ID 重现图像并将其移动到另一个服务器上，也可以恢复丢失的图像，还可以刷新以前生成的图像以形成新的变体（放大或使用新的参数和功能）。这种做法只能用于自己已生成的图像，不能使用他人图像的 ID 值。

第 3 章

进阶操作

本章将通过一些进阶操作让咒语发挥更大的功效，让 Midjourney 创造出更优秀的图像。接下来的演示不会详细解释用到的参数和指令，请根据需要自行回顾和复习。

3.1　占比权重

在 Midjourney 中可以用两个半角冒号 "::" 指定 "占比权重"，提高指定关键词在 Midjourney 中的绘制权重。使用 /imagine 和提示：

watermelon

生成的图像如图 3-1 所示。

图 3-1　通过 watermelon 生成的图像

再使用 /imagine 和提示：

water::melon

生成的图像如图 3-2 所示。

图 3-2 通过 water::melon 生成的图像

对比图 3-1 和图 3-2 可以看出，通过添加 :: 作为分隔符号，将原本完整的描述 watermelon 拆分为了 water 和 melon。

还可以通过在 :: 后加上数值，为不同的关键词分配不同的权重，使生成的图像产生变化。使用 /imagine 和提示：

water::2 melon

生成的图像如图 3-3 所示。

图 3-3 通过 water::2 melon 生成的图像

在 :: 后加一个数值，可以让 :: 之前的概念的权重增大，在画面中有更明显的体现。例如，在图 3-3 中，water 的权重就是 melon 的 2 倍。关于 ::，有以下几点说明。

- :: 后没有数值，表示权重值为默认的 1。
- 在 V1 ~ V3 版本中，只能输入整数权重值。在 V4 和 V5 版本中，还可传入小数或负数权重值，例如 ::2.2 或 ::-0.5。如无特殊需求，请使用整数。
- :: 与传入的具体数值无关，而与数值间的比有关。下面这些写法都表示 water 的权重是 melon 的 2 倍：water::2 melon、water::400 melon::200、water::4.6 melon::2.3。
- :: 会影响前面的所有关键词，直到出现新的 ::。以 "red::2 fish::1, galaxies, geek::1.5, turtle, flower::3" 为例，其中 ::2 影响 red，权重为 2；::1 影响 fish，权重为 1；::1.5 影响 galaxies 和 geek，权重为 1.5；::3 影响 turtle 和 flower，权重为 3。
- ::-0.5 的效果与参数 --no 一样，会 "排除" 指定内容。例如，"A cute turtle, 3D dolls:: red::-.05" 和 "A cute turtle, 3D dolls --no red" 这两条咒语都表示 "可爱的小龟，3D 玩偶，排除红色"。

要想熟练使用权重，一定要多上手练习。

3.2 组合匹配

使用花括号 "{}" 提供的匹配功能可以把不同的关键词组合在一起，批量创建咒语。该功能目前仅限标准和专业计划用户使用。咒语

```
a {cyberpunk, future, art} {turtle, cat}
```

等同于下面这些咒语：

```
a cyberpunk turtle
a future turtle
a art turtle
a cyberpunk cat
a futurer cat
a art cat
```

{} 中的关键词用半角逗号 "," 隔开，不同的 {} 间用空格隔开。假如第一个 {} 中有 5 个关键词，第二个 {} 中有 4 个关键词，那么总共就会产生 20（即 5 × 4）组咒语。通常使用两个 {}

来进行组合，太多组合会消耗非常长的作图时间。

3.3　垫图

垫图其实就是"以图生图"的简称，简单的以图生图在 2.2.2 节和 2.2.3 节中有详细的介绍。它的两种实现方式分别是上传样图和使用 /blend 指令。垫图的主要作用如下：

- ❑　保持创作的连续性；
- ❑　更好地控制画面；
- ❑　基于样图拓展更多艺术风格。

在日常使用中，既可以通过 2.3.11 节介绍的 --iw 参数或 2.3.7 节介绍的 --seed 参数来让生成的图像更像样图，也可以基于样图进行二次加工。经过笔者实践，在执行垫图操作时，--iw 的灵活性更高。上传一张图像，如图 3-4 所示，并保存其链接。

图 3-4　样图

如果我们想保持图 3-4 中蛇的主体配色和风格，但让它在生成图中变为呈皇冠（crown）状的蜷缩姿势，可以使用 /imagine 和提示：

[图像链接] crown --iw 2

生成的图像如图 3-5 所示。

图 3-5　首次生成的图像

　　如果想让生成的图像重点突出新的关键词 "crown"，并且含有样图中的某些元素，可以使用 /imagine 和提示：

[图像链接] crown --iw 0.5

生成的图像如图 3-6 所示。

图 3-6　再次生成的图像

可以看到，图 3-6 中的图像都以皇冠为主体，并且含有图 3-4 中的蓝色、蛇鳞纹样等细节。

如果想让生成的图像更像样图，那么要在垫图时尽量少添加关键词，并且设置 --iw 参数的值尽量接近 2。如果只是想借鉴某张图像的整体风格，以添加新元素为主，那么在垫图时就可以多写一些关键词。也可以根据需要使用 3.1 节介绍的 "::" 提高重点关键词的权重，并且设置 --iw 参数的值尽量接近 0.5。

3.4 环境背景

你应该还记得 2.2.1 节提到的能生成优质图像的咒语框架，先来回顾一下：

主体内容，环境背景，构图，视图，参考艺术家，图像设定

之前简单介绍过，主体内容就是 Midjourney 要绘制的主体，用一个英文单词或词组清晰表示即可。

本节的主题是环境背景。环境背景可以分为 6 个方面：

- □ 场景，详见 3.4.1 节；
- □ 风格，详见 3.4.2 节；
- □ 色调，详见 3.4.3 节；
- □ 光照，详见 3.4.4 节；
- □ 质感，详见 3.4.5 节；
- □ 渲染，详见 3.4.6 节。

3.4.1 场景

场景指的是图像主体所处的位置，例如城市名称、神话世界、宇宙，等等。常见的场景关键词如表 3-1 所示 [1]。

表 3-1 常见场景关键词中英文对照

英　文	中　文	英　文	中　文
aurora borealis	北极光	giant architecture	巨大建筑
starry night	星空夜景	Gothic cathedral	哥特式大教堂
digital universe	数字宇宙	surreal dreamland	超现实梦境
spaceship	宇宙飞船	mystical forest	神秘森林

[1] Midjourney 咒语中只能使用英文，而且不区分大小写。

（续）

英　　文	中　　文	英　　文	中　　文
cliff	悬崖峭壁	sky island	天空岛屿
crystal palace	水晶宫殿	desolate desert	荒凉沙漠
sunken shipwreck	沉船遗迹	cactus desert	仙人掌沙漠
castle in the sky	天空之城	mythical world	神话世界
outer space	外太空	magical forest	魔幻森林
ancient temple	古代神庙	volcanic eruption	火山爆发
futuristic robot	未来机器人	giant machine	巨大机器
apocalypse ruins	末日废墟	star wars	星球大战
Mars exploration	火星探险	enchanted forest	魔法森林
technological city	科技城市	romantic town	浪漫小镇
neon city	霓虹城市	steampunk factory	蒸汽朋克工厂
rainy city	雨中城市	mushroom forest	蘑菇森林
fairy tale castle	童话城堡	magical kingdom	魔法王国

更多场景关键词详见本书配套素材。我们可以从表 3-1 中选择一个或多个场景，与主体进行组合。下面使用 /imagine 和提示：

a turtle, digital universe, surreal dreamland

这条咒语表示"一只龟，数字宇宙，超现实梦境"，生成的图像如图 3-7 所示。

图 3-7　使用场景关键词后生成的图像

通过设置场景，可以让 Midjourney 绘制出相应的地方，非常适合用来制作壁纸，详见 4.6 节。请根据你的设计需要选择场景效果。

3.4.2 风格

风格指的是图像所展现的拍摄风格或影像风格，例如中式风格、水墨插画、传统文化，等等。常见的风格关键词如表 3-2 所示。

表 3-2 常见风格关键词中英文对照

英文	中文	英文	中文
new Chinese style	新中式风格	modern-style	现代风格
Chinese style	中式风格	ink illustration	水墨插图
graphic ink render	图形墨迹渲染	ink wash painting style	水墨风格
traditional culture	传统文化	Japanese ukiyo-e	日本浮世绘
manga	漫画	ACGN	二次元
fairy tale illustration style	童话故事插图风格	fairy tale style	童话风格
hand-drawn style	手绘风格	cartoon	卡通
pixel art	像素风	watercolor children's illustration	水彩儿童插画
doodle	涂鸦	DreamWorks Pictures	梦工厂
Pixar	皮克斯	Studio Ghibli	吉卜力工作室
Hollywood style	好莱坞风格	cinematography style	电影摄影风格
miniature movie style	微缩模型电影风格	film photography	胶片摄影
montage	蒙太奇	Disney	迪士尼
country style	乡村风格	minimalism	极简主义
Renaissance	文艺复兴	magic realism style	魔幻现实主义风格

更多风格关键词详见本书配套素材。我们可以从表 3-2 中选择一个或多个风格，与主体进行组合。下面使用 /imagine 和提示：

a turtle, Chinese style

这条咒语表示"一只龟，中式风格"，生成的图像如图 3-8 所示。

图 3-8　使用风格关键词后生成的图像

注意，图 3-8 中的文字和贴图素材都是 Midjourney 根据关键词"Chinese style"生成的，并不一定真实存在。再试试使用 /imagine 和提示：

a turtle, DreamWorks Pictures

这条咒语表示"一只龟，梦工厂"，生成的图像如图 3-9 所示。

图 3-9　更换风格关键词后生成的图像

因为我们在咒语中设置了"DreamWorks Pictures"风格，所以图 3-9 中的龟都自带梦工厂动画效果，特别是第 3 张图像。通过设置风格，可以让 Midjourney 绘制出相应的风格。此外，与 3.7 节将介绍的参考艺术家搭配使用，还可以制作出有不同表现力的图像。请根据你的设计需要选择风格效果。

3.4.3 色调

色调指的是图像所使用的色彩及其浓淡，例如柔和、温暖、静谧，等等。常见的色调关键词如表 3-3 所示。

表 3-3　常见色调关键词中英文对照

英　文	中　文	英　文	中　文
red	红色	white	白色
black	黑色	green	绿色
yellow	黄色	blue	蓝色
purple	紫色	gray	灰色
brown	棕色	tan	褐色
cyan	青色	orange	橙色
macaron	马卡龙色	morandi	莫兰迪色
fluorescence	荧光	holy light	圣光
candy	糖果色	coral	珊瑚色
lavender	淡紫色	rose gold	玫瑰金色
burgundy	酒红色	turquoise	蓝绿色
mint green	薄荷绿色	sunset gradient	日暮渐变色
maple red	枫叶红色	luxurious gold	奢华金色
titanium	钛金属色	soft pink	柔粉色
ivory white	象牙白色	denim blue	牛仔蓝
crystal blue	水晶蓝色	cobalt blue	钴蓝色

更多色调关键词详见本书配套素材。我们可以从表 3-3 中选择一个或多个色调，与主体进行组合。下面使用 /imagine 和提示：

Chinese peonies, cobalt blue

这条咒语表示"牡丹花，钴蓝色"，生成的图像如图 3-10 所示。

图 3-10　使用色调关键词后生成的图像

　　图 3-10 中各个图像的主色调都是钴蓝色的。如果想让花的颜色变为钴蓝色，直接将颜色写到花的前面即可。使用 /imagine 和提示：

cobalt blue colored Chinese peonies

生成的图像如图 3-11 所示。

图 3-11　调整色调关键词后生成的图像

再来试试笔者很喜欢的钛金属色。使用 /imagine 和提示：

titanium colored Chinese peonies

生成的图像如图 3-12 所示。

图 3-12　更换色调关键词后生成的图像

色调的运用可以提升图像的意境和表现力，增强图像的情感和视觉冲击力。请根据你的设计需要选择色调效果。

3.4.4　光照

光照指的是图像所使用的光源类型和光线效果，例如霓虹灯、柔和光、正面照明，等等。常见的光照关键词如表 3-4 所示。

表 3-4　常见光照关键词中英文对照

英　文	中　文	英　文	中　文
aurora borealis	北极光	neon light	霓虹灯
cold light	冷色光	mood lighting	情绪照明
Rembrandt lighting	伦勃朗布光	soft light	柔和光
fluorescent lighting	荧光照明	crepuscular ray	暮光光线

（续）

英 文	中 文	英 文	中 文
cinematic lighting	电影照明	dramatic lighting	戏剧照明
front lighting	正面照明	back lighting	背景照明
rim lighting	边缘照明	global illuminations	全局照明
hard lighting	强烈照明	studio lighting	工作室照明
indoor lighting	室内照明	outdoor lighting	室外照明
HDR lighting	高动态照明	real time lighting	实时照明
point light	点光源	spot light	聚光灯
ambient light	环境光	shadow light	阴影光
sun light	太阳光	ring light	环形光
panel light	面板灯	strobe light	频闪灯
hair glow	头发反光	rainbow halo	彩虹光环
glow in the dark	夜光	arc sparks	电弧火花

更多光照关键词详见本书配套素材。我们可以从表 3-4 中选择一个或多个光照，与主体进行组合。光照主要用于人像的风格勾勒，下面基于一张人像来进行演示。我们既可以自己创建演示图，也可以通过这里提供的 --seed 3243219138 参数调用演示图。

使用 /imagine 和提示：

a portrait, Rembrandt lighting

这条咒语表示"人像，伦勃朗布光"，生成的图像如图 3-13 所示。

图 3-13　使用光照关键词后生成的图像

在制作人像时运用伦勃朗布光会产生意想不到的效果。再将光照切换为彩虹光环，使用 /imagine 和提示：

　　a portrait, rainbow halo

生成的图像如图 3-14 所示。

图 3-14　更换光照关键词后生成的图像

不同的光照可以带来不同的影像效果和视觉表现力。请根据你的设计需要选择光照效果。

3.4.5　质感

质感指的是图像所展现的画面质感和细节程度，例如亚光质感、石墨质感、绸缎质感，等等。常见的质感关键词如表 3-5 所示。

表 3-5　常见质感关键词中英文对照

英　文	中　文	英　文	中　文
matte texture	亚光质感	pearl texture	珍珠质感
silk texture	绸缎质感	fluffy texture	毛绒质感
graphite texture	石墨质感	water wave texture	水波纹质感
metallic texture	金属质感	bamboo texture	竹子质感
pearl luster texture	珠光质感	stone texture	石头质感
glass texture	玻璃质感	leather texture	皮革质感
cotton texture	棉花质感	crystal texture	水晶质感

（续）

英 文	中 文	英 文	中 文
plastic texture	塑料质感	paint texture	油漆质感
sinuous	弯曲流畅的	delicately curved	曲线细腻的
exquisite	优美精细的	well-defined	优美且清晰的
textured	有纹理的	layered	有层次感的
organic pattern	纹路自然的	bold	粗线条的
embossed	有浮雕感的	carved	有雕刻感的
epic detail	细节详细的	smooth	光滑的
clear	清晰的	delicate	精美的
flat	平整的	thin	细长的

更多质感关键词详见本书配套素材。我们可以从表 3-5 中选择一个或多个质感，与主体进行组合。下面使用 /imagine 和提示：

teddy bear, metallic texture

这条咒语表示"泰迪熊，金属质感"，生成的图像如图 3-15 所示。

图 3-15　使用质感关键词后生成的图像

再来换成亚光质感，使用 /imagine 和提示：

teddy bear, matte texture

生成的图像如图 3-16 所示。

图 3-16　更换质感关键词后生成的图像

不同的质感可以带来不同的视觉感受，能够帮助创作者更好地表达自己的创作思想和情感，营造不同的图像氛围。请根据你的设计需要选择质感效果。

3.4.6　渲染

渲染指将三维的光能传递处理转换为二维图像的过程，是图像处理的一个分支领域。在 Midjourney 中直接调用某种渲染的名称，就可以直接生成相应的效果，例如 OC 渲染、虚幻引擎、3D 渲染，等等。常见的渲染关键词如表 3-6 所示。

表 3-6　常见渲染关键词中英文对照

英　　文	中　　文	英　　文	中　　文
Unreal engine	虚幻引擎	octane render / OC render	OC 渲染
architectural visualization	建筑可视化	corona render	电晕渲染
V-Ray	V-Ray（渲染器）	Blender render	Blender 渲染
Unreal engine 5	UE5 渲染	virtual engine	虚拟引擎
3D rendering	3D 渲染	hyperrealism	高度写实主义
ambient occlusion	环境光遮蔽	physically based rendering (PBR)	物理渲染
depth of field (DOF)	景深	anti-aliasing (AA)	抗锯齿

（续）

英 文	中 文	英 文	中 文
volume render	体积渲染	ray tracing	光线追踪
importance sampling	重要性采样	ray casting	光线投射
texture mapping	贴图映射	environment mapping	环境贴图
shader	着色器	subpixel sampling	亚像素采样
Arnold renderer	Arnold 渲染器	Redshift renderer	Redshift 渲染器
C4D renderer	C4D 渲染器	Indigo renderer	Indigo 渲染器

更多渲染关键词详见本书配套素材。接下来详细介绍表 3-6 中较为常用的 OC 渲染。使用 OC 渲染的图像有如下特点。

❑ 逼真度高：OC 渲染器能够模拟真实世界中光线的传播和反射，能够生成高质量、逼真的图像。

❑ 细节丰富：OC 渲染器能够捕捉模型中的微小细节，并且在渲染结果中呈现出来。

❑ 光线追踪效果好：OC 渲染器采用光线追踪技术，能够产生更真实的阴影和反射效果。

当我们需要看上去比较逼真的画面时，就可以使用 OC 渲染。下面使用 /imagine 和提示：

a floating island, mountain and lake

这条咒语表示"一座悬浮的岛屿，山和湖"，生成的图像如图 3-17 所示。

图 3-17　不使用渲染关键词时生成的图像

在其他关键词不变的情况下加入"octane render",此时使用 /imagine 和提示:

a floating island, mountain and lake, octane render

生成的图像如图 3-18 所示。

图 3-18　使用 octane render 关键词后生成的图像

对比图 3-17 和图 3-18,很容易看出后者具有更逼真的效果,因为 OC 渲染器就是用于生成逼真图像的渲染引擎,可实现高效的渲染。OC 渲染器在影视、广告、游戏等领域应用广泛,能够生成高品质的图像和动画,支持各种光影效果、材质和纹理的渲染。请根据你的设计需要选择渲染效果。

3.5 构图

构图指的是对图像中元素的组织和画面结构。不同的构图方式可以传达不同的视觉效果和情感,能够帮助创作者更好地表达创作思想,营造不同的氛围。本节介绍最常用的 8 种构图方式:

❑ 水平线构图（horizontal line composition）,详见 3.5.1 节;

❑ 垂直线构图（vertical line composition）,详见 3.5.2 节;

❑ 三角形构图（triangular composition）,详见 3.5.3 节;

❑ L 形构图（L-shaped composition）,详见 3.5.4 节;

❑ 对称式构图（symmetrical composition），详见 3.5.5 节；

❑ 斜线构图（diagonal composition），详见 3.5.6 节；

❑ 平衡式构图（balanced composition），详见 3.5.7 节；

❑ 透视构图（perspective composition），详见 3.5.8 节。

为了实现更加逼真的效果，接下来的咒语均使用 3.4.6 节介绍的 OC 渲染。

3.5.1 水平线构图

水平线其实可以理解为人们所看到的陆地或海洋与天空相接的那条地平线。水平线构图通常具有安宁、稳定等特点，可以用来展现宏大、广阔的场景。在使用这种构图方式时，作图者可以通过调整水平线的位置，给人带来不同的视觉感受。将水平线放置在画面的中间可以产生平衡、稳定的感觉；将水平线下移可以强调天空的高远；而将水平线上移则可以展现大地、湖泊或海洋的广阔。下面使用 /imagine 和提示：

mountain, lake, octane render, horizontal line composition

这条咒语表示"山，湖泊，OC 渲染，水平线构图"，生成的图像如图 3-19 所示。

图 3-19　水平线构图图像

在制作湖泊、海洋、草原、日出、远山等风光的图像时，一般会用到水平线构图。

3.5.2 垂直线构图

垂直线构图就是利用画面中垂直于上下画框的直线线条元素来构建画面。垂直线构图一般具有高耸、挺拔、庄严、有力等特点。在平时生活中经常能见到的树木、柱子、栏杆等，都是可以利用的垂直线构图元素。下面使用 /imagine 和提示：

tower group, sunset, octane render, vertical line composition

这条咒语表示"塔群，日落，OC 渲染，垂直线构图"，生成的图像如图 3-20 所示。

图 3-20 垂直线构图图像

垂直线可以在画面中形成明显的垂直特征。在制作树木、山峰、高层建筑等景物时，经常会将画面中的线形结构处理成垂直线，以充分显示景物的高大。

3.5.3　三角形构图

　　三角形是一种稳定的构图形式，可以给画面带来沉稳感、安定感。孤立的山峰、建筑的房顶等，都以稳定的三角形给人难以撼动的感受。因此，这类题材都是运用三角形构图的绝佳范例。下面使用 /imagine 和提示：

mountain, cloud, octane render, triangular composition

这条咒语表示"山，云，OC 渲染，三角形构图"，生成的图像如图 3-21 所示。

图 3-21　三角形构图图像

　　三角形构图的特点是安定、均衡但不失灵活。通过三角形的重复或者变形，可以实现不同的构图效果。在针对人物、风景、建筑等题材作图时，三角形构图都有广泛的应用。

3.5.4　L 形构图

　　L 形构图是指将画面中的主体安排在一条 L 形的线条上，形成一种稳定的结构。下面使用 /imagine 和提示：

seabeach, sea, octane render, L-shaped composition

这条咒语表示"海滩，大海，OC 渲染，L 形构图"，生成的图像如图 3-22 所示。

图 3-22　L 形构图图像

图 3-22 中的海岸线就是 L 形的。L 形构图能够帮助引导观众的视线，把观众的注意力自然地吸引到重要的元素上，从而更好地表达图像的主题。

3.5.5　对称式构图

对称式构图是指对画面中的主体或者陪体进行对称排列，使得画面呈现一种对称、平衡的美感。对称式构图有水平对称、垂直对称、镜像对称等形式。下面使用 /imagine 和提示：

mountain, lake, octane render, symmetrical composition

这条咒语表示"山，湖泊，OC 渲染，对称式构图"，生成的图像如图 3-23 所示。

图 3-23　对称式构图图像

　　对称式构图可以突出画面的重点，强调视觉焦点，并且给人一种和谐、舒适的感觉。在针对人物、风景、建筑等题材作图时，对称式构图都有广泛的应用。

3.5.6　斜线构图

　　斜线构图也叫对角线构图，是指将画面中的主体展示在画面的对角线上，具有较强的视觉引导性。斜线构图可以有效地延伸画面，增加画面的深度和广度，让观者的视线更容易聚焦于主体上。下面使用 /imagine 和提示：

light, cave, octane render, diagonal composition

这条咒语表示"光线，山洞，OC 渲染，斜线构图"，生成的图像如图 3-24 所示。

图 3-24　斜线构图图像

斜线构图还能够增强画面的层次感和节奏感，表现运动、流动、倾斜、动荡、失衡、紧张、危险等场面。也可以利用斜线指向一个特定的物体，起到引导视线的作用。在针对人物、风景、建筑等题材作图时，斜线构图都有广泛的应用。

3.5.7 平衡式构图

平衡式构图是指在画面的某一角或者一边放置主体，同时相对地在画面的另一角或者另一边放置陪体，给人均衡、充实的感觉。平衡式构图的画面结构完整，安排巧妙，主陪体相互呼应且平衡。下面使用 /imagine 和提示：

bird, lotus, octane render, balanced composition

这条咒语表示"鸟，荷花，OC 渲染，平衡式构图"，生成的图像如图 3-25 所示。

图 3-25　平衡式构图图像

平衡式构图是一种充满动感的构图，可以在静止的图片上营造运动的错觉，常用于水面、夜景、纪实等题材。

3.5.8 透视构图

透视构图是指利用透视原理，将画面中的线条、形状、物体等元素按照透视规律排列，使得画面具有立体感和空间感。下面使用 /imagine 和提示：

city, octane render, perspective composition

这条咒语表示"城市，OC 渲染，透视构图"，生成的图像如图 3-26 所示。

图 3-26 透视构图图像

透视构图可以强调线条的汇聚、延伸、转折等效果，使得画面更加生动有趣。在针对人物、风景、建筑等题材作图时，透视构图都有广泛的应用。

3.6 视图

视图的作用其实就是利用不同的视角展现不同的信息和情感。常见的视图关键词如表 3-7 所示。

表 3-7 常见视图关键词中英文对照

英　　文	中　　文	英　　文	中　　文
top view	俯视图	three quarter view	四分之三视图
front view	正视图	bottom view	底视图
side view	侧视图	back view	后视图
look up view	仰视图	super side angle	超侧角
isometric view	等距视图	closeup view	特写视图
high angle view	高角度视图	microscopic view	微观视图
low angle view	低角度视图	bird's eye view	鸟瞰图
first-person view	第一人称视角	third-person view	第三人称视角
two-point perspective	两点透视	three-point perspective	三点透视

（续）

英　文	中　文	英　文	中　文
elevation perspective	立面透视	portrait	肖像
ultra wide shot	超广角镜头	cinematic shot	电影镜头
full length	全身	full body shot	全身镜头
group shot	集体镜头	head shot	头部特写
depth of field (DOF)	景深	wide-angle view	广角镜头
Canon 5D / Sony A7 / Kodak	（相机型号）	ISO800	（感光度）
f/5.6	光圈 5.6	action-shot	动作镜头
medium close-up (MCU)	中特写	medium shot (MS)	中景镜头
medium long shot (MLS)	中远景镜头	long shot (LS)	远景镜头
over-the-shoulder shot	过肩镜头	knee shot (KS)	膝上镜头
chest shot (CS)	胸上镜头	waist shot (WS)	半身镜头
extra long shot (ELS)	超远镜头	face shot (FS)	脸部镜头
tight shot	紧凑镜头	scenery shot	风景镜头

更多视图关键词详见本书配套素材。

接下来，我们通过一组人物照来展示不同视图的区别。使用 /imagine 和提示：

　　full length a man, walking on a street, white T-shirt, blue jeans, a pair of white sneakers --q 0.5 --ar 9:16

这条咒语表示"全身男士，行走在街道上，白色 T 恤，蓝色牛仔裤，白色运动鞋 --q 0.5 --ar 9:16"，生成的图像如图 3-27 所示。

图 3-27　使用视图关键词后生成的图像

为了突出视角的作用，我们使用 3.1 节介绍的权重。此时需要将 "back view::" 放到最前面，因此要使用 /imagine 和提示：

back view::, full length a man, walking on a street, white T-shirt, blue jeans, a pair of white sneakers --q 0.5 --ar 9:16

生成的后视图如图 3-28 所示。

图 3-28　使用权重后生成的图像

接下来对比特写视图、远景镜头和仰视图，生成的图像分别如图 3-29 所示。

图 3-29　对比不同的视图

选择合适的视图可以使图像更加具有视觉冲击力和情感感染力，从而更好地表现创作意图和作品主题。请根据你的设计需要选择视图。推荐通过 4.14 节中的人像设计案例加深对相机和景深的理解。

3.7 参考艺术家

在 Midjourney 中，除了像 3.4.2 节中那样指定图像风格，还可以指定艺术家风格。到目前为止，V4 版本已经支持的艺术家有 2000 多位，V5 版本支持的艺术家有 100 多位。更多艺术家风格样图详见本书配套资料。常见的艺术家及特点如表 3-8 所示。

表 3-8 常见的艺术家及特点

名　　字	特　　点
齐白石（Qi Baishi）	浓厚的乡土气息，纯朴的农民意识和天真烂漫的童心
刘野（Liu Ye）	将中国传统文化元素融入艺术作品，并尝试通过不同的材料和手法表现自己独特的艺术风格
常玉（Chang Yu）	常常运用鲜艳的颜色和夸张的线条表现自己的创意和情感，呈现出一种梦幻的气息
徐悲鸿（Xu Beihong）	以中国传统文化元素为主题，并通过色彩、线条和形式等多种手法表现自己的创意和思想，具有浓郁的民族特色和个性
林风眠（Lin Fengmian）	提倡兼收并蓄、调和中西艺术，并且身体力行，创造了富有时代气息和民族特色、高度个性化的抒情画风
张晓刚（Zhang Xiaogang）	运用冷峻内敛及白日梦般的艺术风格传达具有时代特征的集体心理记忆与情绪
吴冠中（Wu Guanzhong）	对中西方艺术风格融合进行大胆尝试，突破了传统绘画的"渲淡"色彩观念，在中国水墨画传统的色彩观念的基础上融入了西方印象派、凡·高、马蒂斯等笔下的绚烂色彩，形成了自己独特的新水墨画色彩观
何藩（Ho Fan）	以新派摄影手法打破墨守成规的传统风格，开创香港街头摄影先河的"一代宗师"
张洹（Zhang Huan）	创作概念着眼于将自我内心的情绪直接经由行为表演传达
杨泳梁（Yang Yongliang）	将传统绘画艺术与数字科技相融合
黄齐耀（Tyrus Wong）	将中国水墨画风融入迪士尼的动画设计
鲍勃·埃格尔顿（Bob Eggleton）	擅长设计书籍封面、杂志插图和海报作品
毕加索（Picasso）	以抽象艺术和立体主义作品见长
贾斯廷·汉密尔顿（Justin Hamilton）	以数字艺术和互动艺术作品见长
弗朗切斯科·弗朗西亚（Francesco Francia）	以实验性艺术和波普艺术作品见长
勒内·马格里特（Rene Magritte）	以超现实主义作品和几何抽象作品见长
阿尔弗雷德·西斯莱（Alfred Sisley）	以写实主义雕塑和素描见长
村上隆（Takashi Murakami）	以超现实主义和扁平化设计风格见长

更多艺术家关键词详见本书配套素材。

引入艺术家风格非常容易，直接将艺术家名字写到咒语中即可，例如"by [艺术家]"。下面使用 /imagine 和提示：

A volcano that is erupting

这条咒语表示"一座正在爆发的火山"，生成的图像如图 3-30 所示。

图 3-30　无参考艺术家的图像

要将其修改成齐白石的风格，可以使用 /imagine 和提示：

A volcano that is erupting, by Qi Baishi

生成的图像如图 3-31 所示。

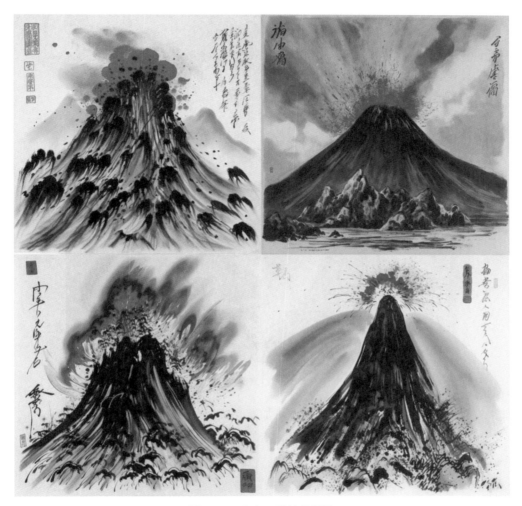

图 3-31 齐白石风格的图像

　　为了更加突出艺术家的风格，可以使用 3.1 节介绍的权重。此时需要将"by [艺术家] ::"放到最前面，例如使用 /imagine 和提示：

　　by Picasso::, A volcano that is erupting

生成的毕加索风格的图像如图 3-32 所示。

图 3-32 毕加索风格的图像

如果没有特殊需求，直接使用这种方式添加需要参考的艺术家名字即可。

3.8 动漫风创作

在 Midjourney 中，我们可以通过 --v niji5 或者 /setting 将绘画风格修改为动漫风。如果只想生成动漫风图像，而不需其他类型，就可以将 Niji Expressive 添加到我们自己的服务器上。

3.8.1 将 Niji Expressive 添加到自己的服务器上

在 1.5 节中，我们将 Midjourney 频道添加到了自己的服务器上。其实，在 Discord 中还有上百个像 Midjourney 一样的频道。这次，我们会将 Niji Expressive 添加到自己的服务器上。点击图 3-33 中①处的图标进入 Discord 主页，然后搜索 "niji"，如图 3-33 中的②所示。

图 3-33 搜索"niji"

点击图 3-33 中③处的图标进入 niji·journey 的主页后，点击页面最上方的"加入 niji·journey"，如图 3-34 所示。随后弹出的界面如图 3-35 所示。

您当前正处于预览模式。加入该服务器开始聊天吧！ 加入 niji·journey

图 3-34 加入 niji·journey

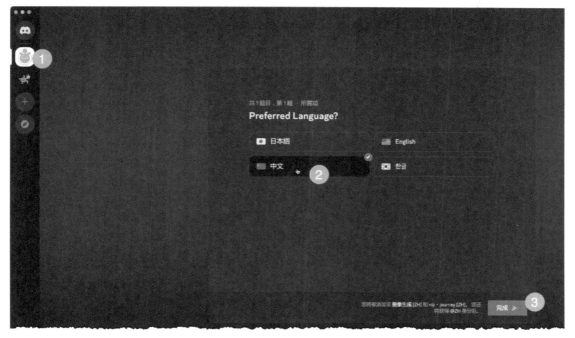

图 3-35 完成加入 niji·journey

完成加入 niji·journey 后，会在 Discord 界面的左上角出现如图 3-35 中①处所示的
niji·journey 图标，然后在语言选择页面点击②处的"中文"，最后点击③处的"完成"按钮。
此时，点击界面右侧的 niji·journey 图标，如图 3-36 所示。

图 3-36　niji·journey 图标

在新弹出的页面中点击"添加至服务器"按钮，如图 3-37 所示。

在新弹出的页面中，先选择自己的服务器，然后点击"继续"按钮，如图 3-38 所示。

图 3-37　添加至服务器

图 3-38　添加至服务器

最后点击"授权"按钮，完成"真人测试"，就可以将 niji·journey 添加到我们自己的服
务器上了。在 Discord 左上方点击我们自己服务器的图标，进入服务器，然后在输入框中输入

"/setting"，选择 niji · journey Bot，如图 3-39 所示。

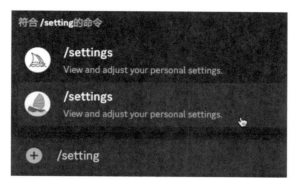

图 3-39　选择 niji · journey Bot

选择 niji · journey Bot 后，按回车键确认，弹出的设置界面如图 3-40 所示。

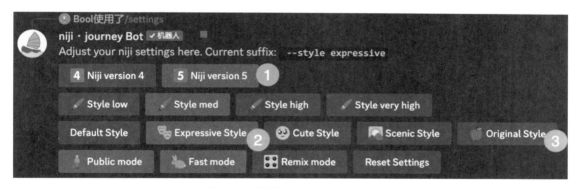

图 3-40　设置 niji · journey Bot

图 3-40 中①处的绿色标签表示使用的是 Niji 5 版本，②处的绿色标签表示采用 Expressive Style（表现力风格），其他标签的解释详见 2.4.11 节。②所在行的其他标签分别为：Default Style（默认风格）、Cute Style（可爱风格，详见 3.8.2 节）、Scenic Style（景观风格，详见 3.8.3 节）和 Original Style（原始风格）。③处的 Original Style 为 Niji 5 初代的 Default Style。新版的默认风格提升了对咒语的理解，将人物与场景的融合绘制得更加生动自然。在 Niji 下切换风格的操作等同于在 Midjourney Bot 服务器下的咒语最后添加指令 --niji 5 --style cute 或者 --niji 5 --style scenic。

此时在输入框中输入"/"（见①），在弹出的页面中选择 niji · journey 的频道头像（见②），然后找到 /imagine（见③），如图 3-41 所示。

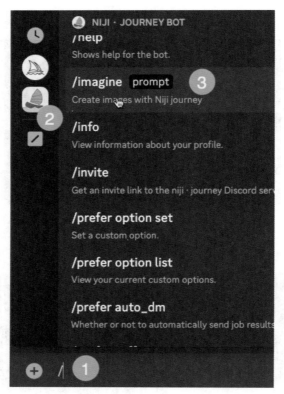

图 3-41　设置 niji · journey

到此，我们就将 Midjourney Bot 切换为 niji · journey Bot 了，输入框界面如图 3-42 所示。

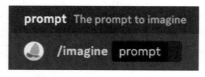

图 3-42　niji · journey Bot 输入框

现在使用 /imagine 和提示：

turtle

生成的图像如图 3-43 所示。

图 3-43　动漫风图像

　　现在，我们就可以只使用 Niji 模式来生成动漫风图像了。如果需要使用 Midjourney Bot，在下次输入咒语时选择图 3-41 中的 Midjourney Bot 即可。

3.8.2　可爱风格

　　可爱风格适合插画和绘本类图像的制作，具体应用详见第 4 章。

　　通过 /setting 设置图 3-40 中的 Cute Style 标签，并使用 /imagine 和提示：

　　turtle

生成的图像如图 3-44 所示。

图 3-44　可爱风格的图像

　　我们发现，即使咒语只包含"turtle"，没有添加任何风格描述，可爱风格下的图 3-44 也比图 3-43 的画风更加可爱，色调更加柔和温暖，具有非常强烈的绘本风格。

3.8.3　景观风格

　　景观风格会突出人物之外的环境，非常适合用于制作壁纸，具体应用详见第 4 章。

　　通过 /setting 设置图 3-40 中的 Scenic Style 标签，使用 /imagine 和提示：

```
turtle
```

生成的图像如图 3-45 所示。

图 3-45　景观风格的图像

我们发现，在同样使用"turtle"关键词且没有添加任何风格描述的情况下，景观风格下的图 3-45 与图 3-43 相比，背景渲染得更加逼真、有质感，具有很强烈的壁纸风格。

3.9　控制人物表情

不管是使用 Midjourney Bot 还是使用 niji·journey Bot，Midjourney 都是在随机绘制图像，那么有没有办法在人物主题、风格和外形不变的情况下，只让人物的表情发生变化？

答案是肯定的。最常用的方式就是通过咒语或者 seed 帮助我们控制人物的动作、表情、服装和构图等发生细微的变化。

3.9.1 通过咒语

接下来使用 3.8.2 节介绍的可爱风格，输入一条高级咒语：

a cute girl, long black hair, pink dress, black Martin boots, to multiple 3D render character and different expression sheet, full body shot

这条咒语表示"一个可爱的女孩，黑头发，粉裙子，黑色马丁靴，多个 3D 渲染人物和不同表情，全身镜头"，生成的图像如图 3-46 所示。

图 3-46　通过咒语生成图像

图 3-46 中的第 2 张图像比较符合我们的需求，因为其中的人物风格和比例基本统一，表情各有不同，并且人物的边缘比较清晰完整。我们点击 U2 按钮将其放大，生成的图像如图 3-47 所示。如果没有满意的图像，直接重新生成即可，直到得到符合要求的图像。

图 3-47　放大图像

接下来使用 Photoshop 软件，分别将图 3-47 中下方的 3 个人物等比例截取出来，并保存在桌面上，如图 3-48 所示。

3-47a.png　　　　3-47b.png　　　　3-47c.png

图 3-48　截取的图像

　　然后将保存好的 3 张图像依次上传，并且获取其链接。也可以选中 3 张图像一起拖放进窗口上传。在 Niji 模式下，先在 /imagine 指令后输入这 3 张图像的链接，然后仅将上面咒语中最后的"different expression sheet"替换为"angry expression"，如图 3-49 所示。

图 3-49　垫图并修改咒语

生成的图像如图 3-50 所示。

图 3-50　生气的表情

图 3-50 中的第 3 张很符合我们的需求，所以点击 U3 按钮放大并保存。下面推荐一些常用的表情关键词，如表 3-9 所示。

表 3-9　常见表情关键词中英文对照

英　文	中　文	英　文	中　文
amazed	惊奇的	angry	生气的
sad	悲伤的	anxious	焦虑的
disappointed	沮丧的	joyful	欢乐的
happy	快乐的	satisfied	满足的
sorrow	悲哀的	surprise	惊讶的
fearful	恐惧的	worried	担心的
excited	激动的	melancholy	闷闷不乐的
jealous	嫉妒的	hopeful	充满希望的
enthusiastic	热情的	grateful	感激的
insecure	无安全感的	hyper	既紧张又兴奋

我们通过生成图 3-50 的方式，再来生成惊奇（amazed）的表情，最终通过 Photoshop 组合成完整的表情组图，如图 3-51 所示。

图 3-51　组图效果

从图 3-51 中可以看出，人物的整体风格可以保持基本一致，虽然衣服等的细节会发生细微的变化，但不影响整体效果。一定要反复尝试，才能绘制出满意的图像。

3.9.2　通过 seed

除了像 3.9.1 节中那样在通过咒语生成的多张图像中寻找合适的表情，还可以通过 2.3.7 节

介绍的 --seed 参数实现表情的变化。输入一条高级咒语：

> cute and adorable cartoon fluffy Asian boy, Disney style, happy expression, white color
> background --ar 3:4

这条咒语表示"可爱、卡通、头发蓬松的亚洲男孩，迪士尼风格，快乐的表情，白色背景 --ar 3:4"。一个小技巧是，在咒语中指定白色背景，这样更容易突出人物主体，方便后期裁剪。生成的图像如图 3-52 所示。

图 3-52　通过咒语生成图像

我们点击 U1 按钮放大图 3-52 中的第 1 张图像，然后获取其 seed 值 4075619335。你在自己尝试时也可以使用该值。获取 seed 值的详细操作见 2.3.7 节。

接下来，将咒语中的"happy expression"替换为"sad expression"，然后在咒语最后添加 seed 值：

> cute and adorable cartoon fluffy Asian boy, Disney style, sad expression, white color background
> --ar 3:4 --seed 4075619335

生成的图像如图 3-53 所示。

图 3-53　悲伤的表情

　　图 3-53 中的第 2 张图像很符合我们的需要：人物整体一致，表情发生变化。因此，直接点击 U2 按钮放大并保存该图像。然后，还是使用上面的 seed 值，再来生成充满希望（hopeful）和焦虑（anxious）的表情，最终通过 Photoshop 组合成完整的表情组图，如图 3-54 所示。

图 3-54　组图效果

　　经过笔者测试，控制 seed 值的方式比使用咒语更容易创作出整体一致的表情作品。

3.10　使用 InsightFace 实现人物换脸

　　InsightFace 是 Discord 中用于人脸识别的扩展应用，可以用于识别图像和视频中的人脸，并提取有关面部特征的信息。随后，我们将在 Midjourney 中随机生成一张人物照片，然后通过 InsightFace 实现随机人物和指定人物的换脸操作。

3.10.1 将 InsightFace 添加到自己的服务器上

InsightFace 是一个扩展应用，不能像 3.8.1 节中添加 Niji 服务器那样通过在公开服务器中搜索来添加，只能通过浏览器添加。首先打开计算机或手机上的网页浏览器。笔者使用的是 Chrome，你可以根据自己的偏好选择。在浏览器中输入 InsightFaceSwap 机器人的页面链接（可以在本书配套材料"链接汇总"中复制），首次登录会提示登录窗口，输入自己的 Discord 账号和密码登录即可。登录成功后，进入添加 InsightFace 的界面，如图 3-55 所示。

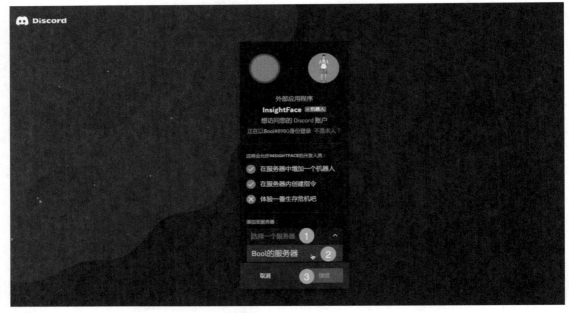

图 3-55　添加 InsightFace 的界面

点击图 3-55 中①处的"选择一个服务器"，在弹出的下拉列表中选择自己的服务器（见②），然后点击图 3-55 中③处的"继续"按钮进入授权页面，如图 3-56 所示。

在图 3-56 中，我们保持勾选默认的权限，然后点击"授权"按钮，进入真人测试环节。完成测试后，会看到授权成功提示，如图 3-57 所示。

授权成功后，打开 Discord 程序进入自己的服务器，就能在右上方的列表中看到出现 InsightFaceSwap 了，如图 3-58 所示。

图 3-56　授权页面

图 3-57　授权成功

图 3-58　添加成功

如图 3-59 所示，在输入框中输入 "/"（见①），就能看到 InsightFaceSwap 机器人了。

图 3-59　InsightFaceSwap 机器人

点击图 3-59 中②处的 InsightFaceSwap 图标，能看到 InsightFaceSwap 提供的指令，如图 3-60 所示。不同指令的详细解释见 3.10.2 节。

3.10.2　InsightFaceSwap 指令简介

InsightFaceSwap 提供的指令如图 3-60 所示。

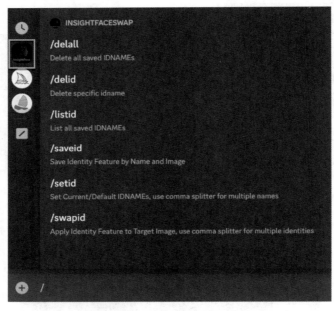

图 3-60　InsightFaceSwap 指令

下面依次解释图 3-60 所示的 6 条指令。

- ❏ /delall：删除所有 ID 名称。
- ❏ /delid：删除指定的 ID 名称。
- ❏ /listid：列出所有已上传的 ID 名称。
- ❏ /saveid：用于上传基准图。
- ❏ /setid：设定默认源的 ID 名称。
- ❏ /swapid：使用新 ID 名称替换已上传基准图的 ID 名称。

这里上传的基准图就是用于执行换脸操作的原始图像。ID 名称就是我们为所上传图像起的唯一标识名，后续会通过该值调用基准图。

在输入框中输入"/saveid"，然后上传一张图像，最好是单色背景的肖像图。笔者在这里准备好了一张名为"头像.jpeg"的图像，如图 3-61 所示。你可以自行准备 .png、.jpg 或 .jpeg 格式的任意图像。

图 3-61　上传基准图

图 3-61 所示黄色框中的 FishC 就是我设置的 ID 名称，你可以根据自己的偏好进行设置。按回车键发送图像和指令，会看到上传成功的提示，如图 3-62 所示。

图 3-62　上传成功

然后在输入框中输入"/listid"并按回车键，会看到已上传的基准图 ID 列表，如图 3-63 所示。

图 3-63　已上传的基准图 ID 列表

图 3-63 中的 FishC 就是我们刚刚上传的原始基准图的名称。再次在输入框中输入"/saveid"，然后上传另一张图像"头像 2.png"并设置其 ID 名称为 FishC2，如图 3-64 所示。

图 3-64　上传新图像

再次在输入框中输入"/listid"并按回车键，可以看到目前 ID 列表中的值已更新，如图 3-65 所示。

图 3-65　ID 列表已更新

图 3-65 中的两个 ID 名称 FishC 和 FishC2 分别对应已上传的"头像 .jpeg"和"头像 2.png"。/listid 指令列出的 ID 名称总数不能超过 10 个。

再次通过 /saveid 指令上传一张测试图，并取名为 test。然后通过 /listid 指令查看，当前 ID 列表中的值如图 3-66 所示。

图 3-66　ID 列表再次更新

通过 /delid 指令可以删除不需要的 ID 名称。在输入框中输入"/delid"，然后指定要删除的 ID 名称，例如要删除 test，如图 3-67 所示。

图 3-67 中①所示的部分表示要删除的 ID 名称，可以根据需要在这里输入要删除的指定项的 ID 名称。按回车键发送指令，会看到删除成功的提示，如图 3-68 所示。

图 3-67 删除指定的 ID 名称

图 3-68 test 删除成功

删除 test 后的 ID 列表如图 3-65 所示。还可以通过 /delall 指令删除当前所有的 ID 名称，请按需选择使用。

InsightFaceSwap 默认以第一个 ID 名称为基准，如果有多张原始基准图，需要进行切换，就可以在输入框中输入"/setid"，然后指定要参考的默认源的 ID 名称，例如 FishC2，如图 3-69 所示。

图 3-69 中①所示的部分表示要指定的 ID 名称。按回车键发送指令，会看到设置成功的提示，如图 3-70 所示。

图 3-69 上传新的基准图

图 3-70 设置默认源的 ID 名称

如果新上传的 ID 名称和现有的重复，InsightFaceSwap 将以最新上传的图像为基准图。还可以使用 /swapid 指令对上传的图像进行 ID 名称的替换。该指令的使用率较低，因此不做详细说明。它的使用方式和 /saveid 指令类似。最后补充一些注意事项。

❑ 原始基准图要尽量保证清晰、露出正脸、五官无遮挡。
❑ 不要上传戴眼镜、过度美颜等丧失人物特征的原始基准图。
❑ 每个 Discord 账号每天只能执行 50 次命令，以避免自动化脚本的执行。
❑ 换脸功能仅用于个人娱乐和学习，不要进行任何违法换脸操作。

下面，我们进行换脸实操。

3.10.3　换脸操作

我们在 3.10.2 节上传了两张图像，其 ID 名称如图 3-65 所示。首先通过 /setid FishC 指令确保默认源为 FishC 对应的人像（如图 3-61 所示）。

然后使用 /imagine 和提示：

Chinese man, 30 years old, suit up, in the street --ar 3:4

这条咒语表示"中国男士，30 岁，穿西装，在街上 --ar 3:4"，生成的图像如图 3-71 所示。

图 3-71　使用咒语生成的图像

假如要对第 4 张图像进行换脸操作，可以点击 U4 按钮放大，然后用鼠标右键点击放大后的图像并在菜单栏中依次选择 APP 和 INSwapper，如图 3-72 所示。

图 3-72　设置换脸

　　点击 INswapper 发送指令后，InsightFaceSwap 很快就生成了换脸后的图像，对比图如图 3-73 所示。

图 3-73　换脸前后对比

除了对真人进行换脸之外，还可以对动漫人物进行换脸，操作过程相同，有兴趣的读者可以试试。通过 InsightFace 的换脸功能，可以轻松生成商业模特图、试穿效果图，等等。此外，通过换脸也可以间接解决 Midjourney 中生成人像不一致的问题。提示：在使用换脸技术时，需要遵守相关法律法规，尊重他人的隐私和权益，绝对不能侵犯他人肖像权，不能实施诈骗等不良行为。同时也提醒广大读者，使用换脸技术存在一定的法律风险，如果不慎触犯相关法律，可能会面临严重的法律后果。因此，我们应该理性使用换脸技术，避免不必要的风险和损失。

3.11　V5.1 的原始模式

Midjourney 的 V5.1 版本有 6 个新特点：

- □　短咒语的产出质量提升；
- □　新增原始模式（RAW Mode），减少不必要的图像发散，精准锁定咒语；
- □　高识别度，减少咒语遗漏；
- □　文本识别能力增强；
- □　减少不必要的边框；
- □　清晰度提升。

下面就来介绍原始模式。首先开启原始模式：在输入框中输入"/setting"并按回车键，然后选择 MJ version 5.1 和 RAW Mode 标签，如图 3-74 所示。/setting 指令的用法详见 2.4.11 节。也可以直接在咒语最后添加 --v 5.1 --style raw 来开启原始模式。

图 3-74　开启 RAW Mode

接下来测试原始模式下的文本识别能力，使用 /imagine 和提示：

FishC logo --q 2 --s 750 --v 5.1 --style raw

生成的图像如图 3-75 所示。

图 3-75　原始模式下生成的图像

图 3-75 显示，Midjourney 很好地识别出了 FishC，并且将其制作成了类似 logo 的图像。在之前的版本中，FishC 基本上会被识别为一条鱼，并且图像中的文本一般是无意义的图形。如果需要更丰富的表现力，不建议使用原始模式。

我们输入一条简单的咒语来测试 V5、V5.1 和 V5.1 RAW 版本的区别：

a high-speed train through the plain, vision, photography --ar 4:3 --q 2

这条咒语表示"一列穿过平原的高铁，远景，摄影 --ar 4:3 --q 2"，生成图像的对比如图 3-76 所示。

图 3-76　不同版本下的图像

对比图 3-76 中的图像可以发现：V5.1 版本中图像的精美度和清晰度比 V5 中提高了不少，而使用原始模式会让整体画面更加写实、更加符合咒语的含义。不能说哪个版本一定是最好的，还是需要根据实际需求来设置出图模式。

3.12　V5.2 的高变化模式和扩图

Midjourney 的 V5.2 版本有 5 个新特点：

- ❑ 更写实的美学系统；
- ❑ 高变化模式（High Variation Mode）；
- ❑ Vary (Strong) 和 Vary (Subtle) 标签；
- ❑ 扩图（Zoom Out）功能；
- ❑ 优化咒语的 /shorten 指令。

我们首先来测试高变化模式。在输入框中输入"/setting"，然后按回车键，接着选择 MJ version 5.2 和 High Variation Mode 标签，如图 3-77 所示。/setting 指令的用法详见 2.4.11 节。除此之外，也可以在咒语最后添加 --v 5.2 来实现同样的效果。

图 3-77　V5.2 的设置界面

高变化模式在 V5.2 版本中是默认开启的，可以使生成的图像更加多样化，使图像中的人物更加逼真，效果详见图 3-85。如果不需要多样化的结果，则切换为低变化模式（Low Variation Mode）。更加多样化并不代表生成的图像更优秀，经笔者测试，在高变化模式下可能需要尝试多次才能得到理想的结果。注意，高变化模式仅限在 V5.2 版本中使用。

接下来测试新的美学系统，使用 /imagine 和提示：

bird photography, beautiful yellow warbler in a purple flowering tree, photorealistic, hyperrealism, Setophaga Petechia, stunning, award-winning photography, vivid, beautiful lighting --v 5.2

这条咒语表示"鸟类摄影，美丽的黄莺在一棵开紫色花的树上，照相写实主义的，高度写实主义，北美黄林莺，令人惊叹，获奖摄影，生动，美丽的照明 --v 5.2"。生成的图像如图 3-78 所示。

图 3-78　使用 V5.2 生成的图像

　　保持生成图 3-78 的咒语核心内容不变，仅将模型选择参数改为 --v 5.1，生成的图像如图 3-79 所示。

图 3-79　使用 V5.1 生成的图像

对比图 3-78 和图 3-79 可发现，V5.2 生成的图像更加清晰（分辨率更高），整体风格更加写实，构图也更加合理。经笔者测试，在 V5.2 中，人物的表情和动作也会更加自然。我们放大图 3-78 中的第 4 张图像（点击 U4 按钮），在 Favorite 和 Web 之外界面上会出现 5 个新标签，如图 3-80 所示。

图 3-80 在 V5.2 中放大图像后的界面

先看看图 3-80 中第一行的两个标签。点击 Vary (Strong) 标签，会以放大后的图像为基础进行较大的调整，生成 4 张相似的图像。点击 Vary (Subtle) 标签，则会以放大后的图像为基础进行微调，生成 4 张非常相似的图像。依次点击 Vary (Strong) 和 Vary (Subtle) 标签后，生成的图像分别如图 3-81 所示。

图 3-81 点击 Vary (Strong) 和 Vary (Subtle) 标签后生成的不同图像

　　对比图 3-81 所示的图像可以发现，通过 Vary (Subtle) 标签生成的图像与图 3-80 所示原图的相似度更高，新生成的图中只有局部细节发生了变化。注意，Vary (Strong) 和 Vary (Subtle) 标签仅限在 V5.2 版本中使用。

　　再看看图 3-80 中第二行的 3 个标签。Zoom Out 2x 标签表示将图像扩展为原来的 2 倍，Zoom Out 1.5x 表示将图像扩展为原来的 1.5 倍，Custom Zoom 表示自定义扩展比例。对于宽度小于高度的图像（例如 9 ∶ 16、3 ∶ 4 等），还会有 Make Square 标签，表示将其填充为正方形图像。依次点击图 3-80 所示的 Zoom Out 2x 和 Zoom Out 1.5x 标签，生成图像的对比如图 3-82 所示。

图 3-82　扩展 2 倍和 1.5 倍的对比

　　对比图 3-82 所示的图像可以发现，Zoom Out 2x 相当于将图像缩小一半后，在周围填入其他的相关细节。Zoom Out 1.5x 相当于将图像缩小三分之一后，在周围填入其他的相关细节。此时可以选择处理后的图像，继续使用扩图功能，而且可以一直继续下去。如果需要更精确的扩展值，请使用 Custom Zoom 标签。

　　点击图 3-80 所示的 Custom Zoom 标签，会弹出一个窗口，如图 3-83 所示。

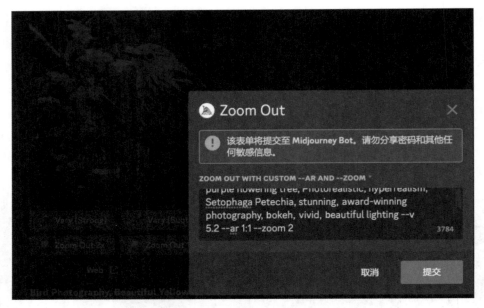

图 3-83　点击 Custom Zoom 标签后弹出的窗口

我们可以在这个窗口中改变扩展时的咒语，并且设置参数 --ar（宽高比）和 --zoom（扩展值）。--zoom 参数只能设置为 1 ～ 2 的值。--ar 参数可以设置为我们需要的尺寸。例如，可以将这两个参数修改为"--ar 16:9 --zoom 1.7"，点击"提交"按钮，生成的图像如图 3-84 所示。

图 3-84　自定义扩展值后生成的图像

　　我们还可以尝试使用 Custom Zoom 标签去除图像上的黑色条框。通过扩图功能，可以对我们喜欢的图像进行扩展，然后将连续的图像做成短视频。这尤其适用于场景类图像的扩展。

　　下面演示 /shorten 指令的用法。首先使用 /imagine 和提示：

A beautiful photograph of an Iñupiat Alaskan Native woman wearing traditional clothing, with abstract patterns and symbols in the background --ar 9:17 --s 400 --c 10 --q 2

这条咒语表示"一名穿着传统服装的因纽皮特族阿拉斯加原住妇女的美丽照片，有带抽象图案和符号的底色 --ar 9:17 --s 400 --c 10 --q 2"。生成的图像如图 3-85 所示。

图 3-85　生成的图像

　　在输入框中先输入"/shorten"，再输入上述咒语并按回车键。此时出现的界面如图 3-86 所示。

　　图 3-86 中黄色矩形框内被划掉的词就是 Midjourney Bot 认为"不需要"的无效关键词。下方是 Midjourney Bot 提供的 5 条优化后的咒语及对应的按钮。点击图 3-86 中的 Show Details 按钮会显示细节，如图 3-87 所示。

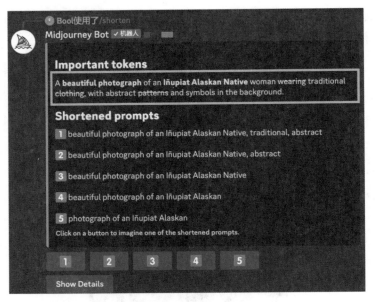

图 3-86 演示 /shorten 指令

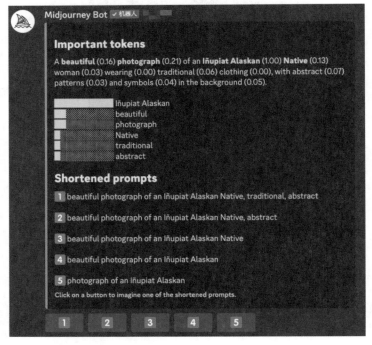

图 3-87 显示细节

图 3-87 给出了咒语中各个关键词的权重值以及按权重值从大到小的排序图，可以看到
"Iñupiat Alaskan"拥有最高权重值 1，是本条咒语的核心所在。点击图 3-86 或者图 3-87 下方所
示的任意按钮，会弹出一个窗口，里面显示了相应的优化咒语，如图 3-88 所示。

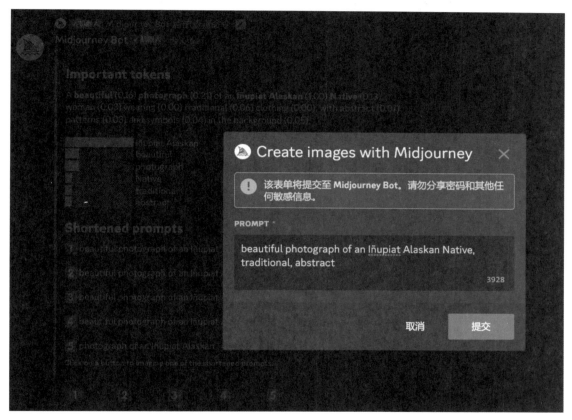

图 3-88　优化后的咒语

可以在图 3-88 所示的窗口中修改咒语。为了对比效果，我们保持咒语主体不变，仅增加参
数 --ar 9:17。点击"提交"按钮后，所生成图像与图 3-85 的对比效果如图 3-89 所示。

图 3-89　使用 /shorten 指令后的效果对比

　　通过 /shorten 指令，可以让 Midjourney Bot 分析指定咒语中的哪些关键词是不需要的，有助于精简咒语。

第 4 章

应用场景

完成前 3 章对 Midjourney 基础知识的学习后，终于到学以致用的时刻了。

我们将在不同的应用场景中使用 Midjourney 提升工作效率，例如卡通 IP 形象设计、表情包设计、海报设计等，本章的每一节都会按照"需求、设计、调试"的结构来进行讲解。演示中不会详细解释参数、指令和操作的含义，请根据需要自行回顾和复习。

每一节案例的最终咒语都可以直接使用，根据需要替换主体内容即可。请一定要记住：用 Midjourney 绘制图像时，并不存在永远正确的咒语。对于不同的图像、不同的场景，要多试一试才有可能找到最满意、最符合预期的结果。

4.1 无垫图卡通 IP 形象设计

卡通 IP 形象在品牌营销中有非常重要的意义，一款设计极佳的卡通 IP 形象可以提高品牌的知名度、美誉度和用户忠诚度，延伸品牌价值，为品牌的长期发展提供支持。

4.1.1 需求

设计一款戴耳机、运动风的 Q 版 3D 小龟盲盒形象。

4.1.2 设计

根据优质咒语框架来拆解需求：

主体内容，环境背景，构图，视图，参考艺术家，图像设定首先找出需求中的主体内容，就是小龟（turtle），还戴着耳机（headphone）。我们可以从着装上体现运动风：穿着运动帽衫（sports hoodie）和宽松的裤子（baggy pants）。3D 形象的生成可以直接使用 3D 渲染（3D rendering）。Q 版的关键词是 chibi，盲盒的关键词是 blind box style。

形象设计往往使用单色、明亮的背景，因此设置白色背景（white background）和自然光（natural lighting）。然后设置全身镜头（full body shot）来保证生成的人物可以完整呈现。因为我们希望形象在写实中偏可爱一些，所以采用 Niji 5 中的表现力风格（Expressive Style），详见 3.8 节。

为了突出人物，将画面宽高比设置为 --ar 3:4。画面质量默认为最精细的 --q 2。风格值则为 --s 750。

现在将上面的初步设计整理一下，如表 4-1 所示。

表 4-1　卡通 IP 形象咒语设计

模　块		关　键　词
主体内容		turtle、headphone、sports hoodie、baggy pants
环境背景 （详见 3.4 节）	场景	white background
	风格	chibi、blind box style、3D
	色调	
	光照	natural lighting
	质感	
	渲染	3D rendering
构图（详见 3.5 节）		
视图（详见 3.6 节）		full body shot
参考艺术家（详见 3.7 节）		
图像设定		--ar 3:4、--q 2、--s 750

初步设计有了，我们进入调试环节。

4.1.3　调试

通过初步设计得到的咒语需要在 Niji 独立服务器上使用，将 Niji Expressive 添加到服务器上的操作详见 3.8.1 节。使用 /imagine 和提示：

```
turtle, headphone, sports hoodie, baggy pants, white background, chibi, blind box style,
3D, natural lighting, full body shot --ar 3:4 --q 2 --style 750
```

生成的图像如图 4-1 所示。

图 4-1　卡通 IP 形象

　　图 4-1 中的形象都很不错。假如第 3 张图像比较符合我们的需求，就可以点击 U3 按钮放大，获取 seed 值，然后制作三视图：添加咒语"generate three views, namely the front view, the side view and the back view"（生成三视图，含前视图、侧视图和后视图）。这是目前经笔者测试，生成三视图的最好咒语，获取 seed 值的详细操作见 2.3.7 节。下面使用 /imagine 和提示：

turtle, headphone, sports hoodie, baggy pants, white background, chibi, blind box style, natural lighting, 3D rendering, full body shot, generate three views, namely the front view, the side view and the back view --ar 3:4 --q 2 --s 750 --seed 1395446380

生成的图像如图 4-2 所示。

图 4-2 优化后的卡通 IP 形象

优化咒语后,新生成的图 4-2 中出现了不同视图下的小龟形象,有些图中的形象不是很完整,可以重新生成。最终,我们比较满意的图像如图 4-3 所示。

图 4-3 最终的卡通 IP 形象

如果主题方向没问题，我们可以通过单次调整来优化输出后的图像，也可以通过 2.3.17 节介绍的 --repeat 参数来批量生成。注意，在咒语中使用 --repeat 参数就不能使用 --seed 参数，使用 --seed 参数就不能使用 --repeat 参数。

4.2　不同风格的头像设计

如今，我们都在很多不同类型的社交媒体上拥有账号，而每个平台都会要求用户设置头像。因此，很多人产生了一个需求：想要属于自己的"风格各异"的头像。例如，微信里的"我"需要显得正式一些，B 站里的"我"要二次元风格，抖音里的"我"要时尚一些，等等。

4.2.1　需求

创建属于"我"的不同风格的头像。

4.2.2　设计

请准备一张自己比较满意的头像，并上传到 Midjourney 中，如图 4-4 所示。

图 4-4　上传头像

根据优质咒语框架来拆解需求：

主体内容，环境背景，构图，视图，参考艺术家，图像设定

我们上传的头像的链接就是主体内容，获取链接的操作详见 2.2.3 节。然后通过指定不同的"风格"（例如 Iron Man、Disney style、Pixar style、pixiv style）或者"参考艺术家"（例如 Qi Baishi、Picasso、van Gogh）来进行不同风格的设计。

因为生成的是人像，所以可以使用关键词"protrait"（肖像）来达到更好的效果。如果想得到 3D 形象，则可以使用关键词"simple avatar"（简单化身）和"3D rendering"（3D 渲染）进行渲染。

画面质量默认为最精细的 --q 2。因为涉及垫图，所以需要设置 --iw 0.5 来控制样图的权重。

现在将上面的初步设计整理一下，如表 4-2 所示。

表 4-2 头像咒语设计

模　　块		关　键　词
主体内容		[图像链接]
环境背景 （详见 3.4 节）	场景	
	风格	Iron Man、Disney style、Pixar style、pixiv style
	色调	
	光照	
	质感	
	渲染	simple avatar、3D rendering
构图（详见 3.5 节）		
视图（详见 3.6 节）		portrait
参考艺术家（详见 3.7 节）		Qi Baishi、Picasso、van Gogh
图像设定		--q 2、--iw 0.5

初步设计有了，我们进入调试环节。

4.2.3　调试

通过初步设计得到的咒语需要在 Midjourney 独立服务器上使用，切换服务器的操作详见 3.8.1 节中的图 3-41。使用 /imagine 和提示：

> https://cdn.discordapp.com/attachments/1094...6.jpeg Iron Man --q 2 --iw 0.5

生成的图像如图 4-5 所示。将上面的图像链接替换为你自己的头像链接即可生成你的钢铁侠版头像。

Midjourney 常用指令一览

指令名称	说　明
/ask	向 Midjourney 官方提问
/blend	混合两张图像
/describe	获取图像的参考咒语
/fast	快速模式
/relax	慢速模式
/help	官方帮助文档
/imagine	输入咒语生成图像
/info	查看使用时长等信息
/stealth	隐身模式
/public	公共模式
/settings	设置
/prefer remix	微调模式
/prefer auto_dm	发送确认
/prefer option set	自定义参数设置
/prefer option list	自定义参数列表
/prefer suffix	在咒语最后添加参数后缀
/show	根据 ID 复现本人已生成的图像

Midjourney 常用参数一览

参数名称	说　　明
--aspect 或 --ar	设置宽高比
--quality 或 --q	设置质量（精细程度）
--version 或 --v	切换算法模型
--chaos 或 --c	设置创意程度
--stylize 或 --s	设置艺术性
--style	在 V4 版本中生效
--seed / --sameseed	获取 seed 值
--no	设置不要出现的元素
--stop	暂停生成进度
--tile	生成无缝贴图
--iw	设置咒语和样图的权重比
--creative 与 --test / --testp	使用测试算法模型（增加创意）
--niji	使用 niji 模型（动漫风）
--uplight	在放大图像时添加少量细节纹理
--upbeta	在放大图像时不添加细节纹理
--upanime	在放大图像时增加动画插画风格
--hd	生成高清图
--video	生成渲染过程的演示视频 （在 V4 和 V5 版本中无法使用）
--repeat	重复生成图像

图 4-5　钢铁侠版头像

　　如果想将头像设计为二次元或者动漫风格，推荐使用关键词"Disney style""Pixar style"和"pixiv style"。下面使用 /imagine 和提示：

　　　　https://cdn.discordapp.com/attachments/1094...6.jpeg pixiv style --q 2 --iw 0.5

生成的图像如图 4-6 所示。

图 4-6　动漫风头像

因为 Midjourney 无法识别性别，所以图 4-6 中的形象变成了女性也很正常。我们将 --iw 的值修改为 2，让样图的权重最大，生成的图像如图 4-7 所示。

图 4-7 提高样图权重后生成的头像

如果还是觉得偏女性化，可以通过 --no female 限制排除女性。对 --no 参数的解释详见 2.3.8 节。生成的图像如图 4-8 所示。

图 4-8 添加 --no female 后生成的头像

还可以直接指定参考艺术家。使用 /imagine 和提示：

　　https://cdn.discordapp.com/attachments/1094...6.jpeg by Qi Baishi --q 2 --iw 0.5

生成的图像如图 4-9 所示。

图 4-9　齐白石风格的头像

　　图 4-9 直接将我们的头像和齐白石的绘画特色融合起来，导致头像融于画中。如果想把主体设置为某位艺术家的风格，一定要设置 --iw 2 以提高样图的权重，并且设置视图为 protrait。下面使用 /imagine 和提示：

　　https://cdn.discordapp.com/attachments/1094...6.jpeg by Qi Baishi, portrait --q 2 --iw 2

生成的图像如图 4-10 所示。

图 4-10 提高样图权重后生成的头像

再将咒语中的 Qi Baishi 换成 van Gogh，生成的图像如图 4-11 所示。

图 4-11 凡·高风格的头像

接下来在咒语中添加"a standing cute Chinese young boy"（一位站立的可爱中国男孩）和"Disney style"来让人物变完整，并且呈现迪士尼风格。使用 /imagine 和提示：

> https://cdn.discordapp.com/attachments/1094...6.jpeg a standing cute Chinese young boy,
> Disney style --q 2 --iw 0.5

生成的图像如图 4-12 所示。

图 4-12　卡通头像

如果想生成更加立体的 3D 形象，最好使用关键词"simple avatar"和"3D rendering"。下面使用 /imagine 和提示：

> https://cdn.discordapp.com/attachments/1094...6.jpeg simple avatar, 3D rendering, a standing
> cute Chinese young boy, Disney style --q 2 --iw 0.5

生成的图像如图 4-13 所示。

图 4-13   3D 卡通头像

图 4-13 中的头像更像我们在迪士尼动画中看到的人物形象。接下来还可以继续优化，例如笔者很喜欢小龟，就可以在咒语中添加 "holding a turtle"（抱着一只龟）。使用 /imagine 和提示：

> https://cdn.discordapp.com/attachments/1094...6.jpeg simple avatar, 3D rendering, a standing
> cute Chinese young boy, holding a turtle, Disney style --q 2 --iw 0.5

生成的图像如图 4-14 所示。

图 4-14　优化 3D 卡通头像

如果你有制作个性化头像的需求，可以参考本节中的咒语来创作不同类型的头像。

4.3　Niji 5 写意动漫风插画设计

插画设计是一种独特的视觉艺术设计，完美结合了艺术与商业两个方面，是现代设计的重要组成部分。插画设计的目标是把插画所承载的信息准确、明晰地传达给观众或消费者，让他们正确接收和理解这些信息，并采取相应的行动，如观看电影、购买产品等。

4.3.1　需求

设计一幅描绘勇士直面巨门中的龙的写意动漫风插画。

4.3.2　设计

根据优质咒语框架来拆解需求：

> 主体内容，环境背景，构图，视图，参考艺术家，图像设定

既然是写意动漫风插画，那么首先要考虑使用 Niji 5 中的表现力风格，因为用它可以生成更有表现力的效果。

主体内容是勇士（warrior）、门（door）和龙（dragon）。场景偏中国风（Chinese style），并且设定为隋朝（Sui Dynasty），可以采用水墨风格（ink wash painting style）突出写意风格，整体颜色偏金色和深灰色（gold and dark gray）。参考艺术家可以选择英国艺术家拉塞尔·米尔斯（Russell Mills），他设计过不少写意的专辑封面和图书封面。

此外，画面宽高比设置为 --ar 3:4 来突出人物。

现在将上面的初步设计整理一下，如表 4-3 所示。

表 4-3　写意动漫风插画咒语设计

模　　块		关　键　词
主体内容		warrior、door、dragon
环境背景 （详见 3.4 节）	场景	Sui Dynasty
	风格	Chinese style、ink wash painting style
	色调	gold and dark gray
	光照	
	质感	
	渲染	
构图（详见 3.5 节）		
视图（详见 3.6 节）		
参考艺术家（详见 3.7 节）		Russell Mills
图像设定		--ar 3:4

初步设计有了，我们进入调试环节。

4.3.3　调试

通过初步设计得到的咒语需要在 Niji 独立服务器上使用，将 Niji Expressive 添加到服务器上的操作详见 3.8.1 节。使用 /imagine 和提示：

warrior, door, dragon, Sui Dynasty, Chinese style, ink wash painting style, gold and dark
gray --ar 3:4

生成的图像如图 4-15 所示。

图 4-15　写意动漫风插画

　　图 4-15 中的图像整体而言都很写意，但是龙的细节以及人物要面对龙的效果还不是很理想。
我们先优化龙的部分，为咒语中的"dragon"添加修饰语：

warrior, door, mythical Chinese dragon, Sui Dynasty, Chinese style, ink wash painting style,
gold and dark gray --ar 3:4

生成的图像如图 4-16 所示。

图 4-16　优化龙之后的插画

　　图 4-16 中的龙已经很符合我们的需求了，但是人物还是没有面对龙，而且门也不够明显，因此尝试将门替换为中国门神（Chinese door god），并且细化人物为一名勇士面对一个敌人（one warrior and one of the enemy）。下面使用 /imagine 和提示：

> one warrior and one of the enemy, Chinese door god, mythical Chinese dragon, Sui Dynasty, Chinese style, ink wash painting style, gold and dark gray --ar 3:4

生成的图像如图 4-17 所示。

图 4-17　细化人物之后的插画

　　图 4-17 中的整体感觉很不错了，龙大而人物小，但是风格还不够明显，因此使用拉塞尔·米尔斯的风格突出细节。使用 /imagine 和提示：

one warrior and one of the enemy, Chinese door god, mythical Chinese dragon, Sui dynasty, Chinese style, ink wash painting style, gold and dark gray, by Russell Mills --ar 3:4

生成的图像如图 4-18 所示。

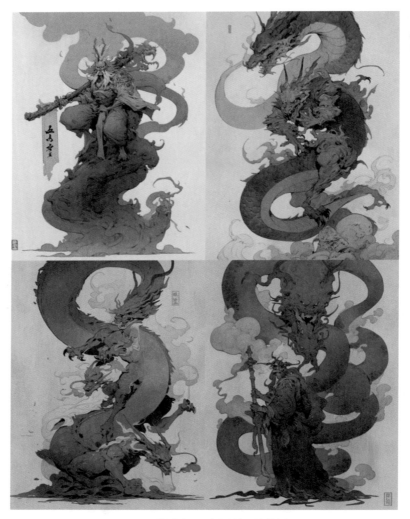

图 4-18 拉塞尔·米尔斯风格的插画

图 4-18 中的风格已经对了，现在只需要对门和龙进行细致的刻画。我们尝试将"Chinese door god"替换成"Chinese huge door"（中国巨门），放在最前面并添加权重（::），然后添加关键词"poster art"（海报艺术）。下面使用 /imagine 和提示：

Chinese huge door::, one warrior and one of the enemy, mythical Chinese dragon, Sui Dynasty, Chinese style, ink wash painting style, gold and dark gray, by Russell Mills, poster art --ar 3:4

生成的图像如图 4-19 所示。

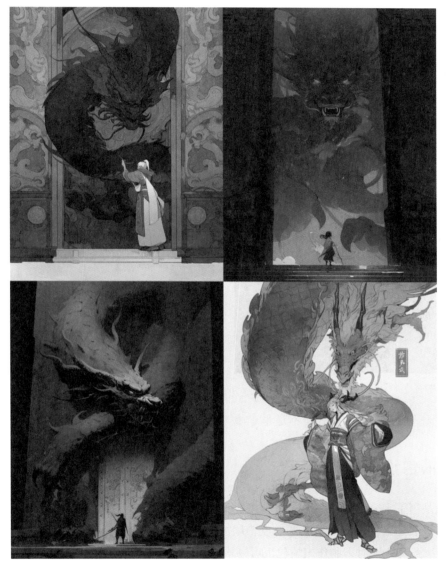

图 4-19　细致刻画后的插画

　　图 4-19 中的第 2 和第 3 张图像很符合我们的需求。下面点击 V2 按钮，放大并基于第 2 张图像生成新的变体，如图 4-20 所示。

图 4-20 中的第 1 和第 2 张图像都有两个龙头，第 4 张图像中则出现了两个人物，所以第 3 张图像最符合我们的需求。点击 U3 按钮放大以查看效果，如图 4-21 所示。

图 4-20　放大并生成变体　　　　　　　　　图 4-21　最终生成的图像

这种勇士直面门中龙的图片是不是非常帅气呢？用来当手机屏保图也是非常不错的。

4.4　表情包设计

表情包是当下十分流行的一种文化形式，通过对人物的面部表情、动作和语言等进行夸张、变形处理，来表达人们内心的情感和态度，增加交流的趣味性和亲密感，以及丰富与朋友、家人之间的情感互动。同时，制作表情包也可以培养设计师的创新和审美能力。

4.4.1　需求

制作一套拥有 9 种不同表情的可爱大头贴式表情包。

4.4.2 设计

根据优质咒语框架来拆解需求：

主体内容，环境背景，构图，视图，参考艺术家，图像设定

我们在 3.9 节中详细了解了如何控制单个人物的表情，而这次要求表情包中有 9 种表情，是否还是需要一个一个地生成，然后组合在一起呢？有没有更快捷的方式呢？

有，那就是直接在咒语中指定"a set of 9 expressive pictures for a super cute [人物]"（超级可爱的 [人物] 的一组 9 种表情图），这里的人物选用中国女孩（Chinese girl）。

也可以在咒语中把表情复合在一起，例如"multipe emotions and actions: happy, sad, angry, confused, excited, surprised, annoyed, laughing, crying, winking, blushing, rolling eyes, thinking, celebrating, bored, tired, all pictures in the same size"（多种表情和行为：快乐、悲伤、愤怒、困惑、兴奋、惊讶、恼怒、笑、哭、眨眼、脸红、翻白眼、思考、庆祝、无聊、疲倦，所有图像的尺寸相同）。

此外，场景建议使用"white background"（白色背景），光照建议使用"natural lighting"（自然光照），风格建议使用"anime cartoon style"（动画卡通样式）。

现在将上面的初步设计整理一下，如表 4-4 所示。

表 4-4 表情包咒语设计

模　　块		关　　键　　词
主体内容		a set of 9 expressive pictures for a super cute Chinese girl、multipe emotions and actions: happy, sad, angry, confused, excited, surprised, annoyed, laughing, crying, winking, blushing, rolling eyes, thinking, celebrating, bored, tired、all pictures in the same size
环境背景 （详见 3.4 节）	场景	white background
	风格	anime cartoon style
	色调	
	光照	natural lighting
	质感	
	渲染	
构图（详见 3.5 节）		
视图（详见 3.6 节）		
参考艺术家（详见 3.7 节）		
图像设定		

初步设计有了，我们进入调试环节。

4.4.3　调试

　　既然是可爱的动漫风表情包，那么首先要考虑使用 Niji 5 中的可爱风格（Cute Style），因为用它可以生成更可爱的效果，详见 3.8.2 节。使用 /imagine 和提示：

a set of 9 expressive pictures for a super cute Chinese girl, multipe emotions and actions: happy, sad, angry, confused, excited, surprised, annoyed, laughing, crying, winking, blushing, rolling eyes, thinking, celebrating, bored, tired, anime cartoon style, natural lighting

生成的图像如图 4-22 所示。

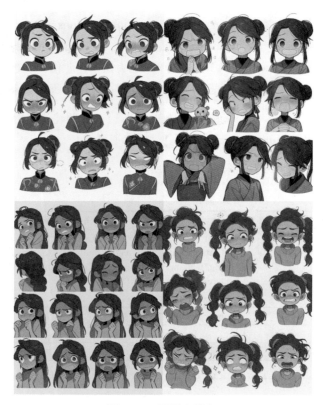

图 4-22　可爱表情包

　　虽然我们添加了 9 个表情的限制，但仍会有像第 3 张那样不符合要求的图像。此时可以设置 --iw 1 来提高咒语的相关性。我们顺便将背景统一为白色，方便后期加工。下面使用 /imagine 和提示：

a set of 9 expressive pictures for a super cute Chinese girl, multipe emotions and actions: happy, sad, angry, confused, excited, surprised, annoyed, laughing, crying, winking, blushing, rolling eyes, thinking, celebrating, bored, tired, anime cartoon style, natural lighting, white background --iw 1

生成的图像如图 4-23 所示。

图 4-23 白色背景表情包

我们发现图 4-23 中的第 3 张图像还是包含 16 个头像，而且头像比其他图像中略小，因此可以添加限制"all pictures in the same size"（所有图像的尺寸相同），并且通过 --q 2 将画面质量设置为最佳。使用 /imagine 和提示：

a set of 9 expressive pictures for a super cute Chinese girl, multipe emotions and actions: happy, sad, angry, confused, excited, surprised, annoyed, laughing, crying, winking, blushing, rolling eyes, thinking, celebrating, bored, tired, anime cartoon style, natural lighting, white background, all pictures in the same size --iw 1 --q 2

生成的图像如图 4-24 所示。

图 4-24 添加设置后的表情包

　　假如我们对图 4-24 中的第 2 张图像比较满意，就可以点击 U2 按钮放大并保存它了，如图 4-25 所示。

图 4-25 放大后的表情包

如果订阅了专业计划，可以使用 --repeat 参数来快速批量出图，详见 2.3.17 节。注意，只需要把"a set of 9 expressive pictures for a super cute [人物]"中的 [人物] 替换成你喜欢的角色名称，就可以得到不同角色的表情包了。

4.5 logo 设计

logo 指的是公司或组织的徽标或标志。让人记忆深刻的 logo 对公司的推广具有极大的推动作用。随着社会经济的发展和人们审美观的变化，logo 设计日益趋向多样化。

虽然 Midjourney 不是专业的图形设计师，不太可能根据一条抽象咒语设计出"用户心目中最完美的 logo"，但是它可以提供海量的参考，帮助我们缩小选择范围。借助 Midjourney，我们还能用不同艺术家的风格来设计 logo。

4.5.1 需求

以小龟为主题设计几款不同类型的 logo，最好是极简风的。

4.5.2 设计

根据优质咒语框架来拆解需求：

　主体内容，环境背景，构图，视图，参考艺术家，图像设定

logo 的主体内容就是小龟（turtle），而 logo 自身就是一种风格。极简风的关键词可以是"simple"（简单）、"line"（线条）或者"minimalism"（极简主义），等等。

此外，场景可以使用"white background"（白色背景），色调可以使用"light green"（浅绿），质感可以使用"gold"（黄金）和"realistic material"（现实材料）。参考艺术家可以选择 logo 设计专家罗布·詹诺夫（Rob Janoff），图像质量建议设置为 --q 2。

现在将上面的初步设计整理一下，如表 4-5 所示。

表 4-5 logo 咒语设计

模 块		关 键 词
主体内容		turtle
环境背景 (详见 3.4 节)	场景	white background
	风格	logo、minimalism
	色调	light green
	光照	
	质感	gold、realistic material
	渲染	
构图（详见 3.5 节）		
视图（详见 3.6 节）		
参考艺术家（详见 3.7 节）		Rob Janoff
图像设定		--q 2

初步设计有了，我们进入调试环节。

4.5.3　调试

通过初步设计得到的咒语需要在 Midjourney 独立服务器上使用，切换服务器的操作详见
3.9.1 节中的图 3-41。使用 /imagine 和提示：

turtle, logo, white background

生成的图像如图 4-26 所示。

图 4-26　logo

如果想让小龟的整体颜色保持为浅绿（light green），并且不要太复杂，遵循更加简单（simple）的极简主义（minimalism）风格，就可以在咒语中添加这些关键词。此外，通过 --q 2 设置画面质量为最佳。下面使用 /imagine 和提示：

turtle, logo, light green, simple, white background, minimalism --q 2

生成的图像如图 4-27 所示。

图 4-27　浅绿色极简主义 logo

图 4-27 基本上有了 logo 的雏形，但缺少一些质感。因此，我们不指定极简主义，而是改用"gold"（黄金）、"power"（权力）、"realistic material"（现实材料）、"royal logo"（皇家 logo）和 "magical"（魔幻的）等关键词。使用 /imagine 和提示：

royal logo, light green turtle, gold, power, magical, realistic material, white background

生成的图像如图 4-28 所示。

图 4-28　奢华 logo

　　图 4-28 中的整体风格就很奢华了，尤其是第 1 张图像很像奢侈品牌的 logo。

　　我们还可以直接指定艺术家风格，例如罗布·詹诺夫，他是一名顶级 logo 设计专家，曾设计了苹果公司的 logo。使用 /imagine 和提示：

```
turtle, logo, by Rob Janoff --q 2
```

生成的图像如图 4-29 所示。

图 4-29　罗布·詹诺夫风格的 logo

Midjourney 直接生成了如图 4-29 所示具有罗布·詹诺夫风格的 logo，你可以根据需要选择其他参考艺术家。

如果想生成矢量图，可以直接指定"vector graphic logo of turtle, line, simple"（矢量图形式的小龟 logo，线条，简单），并且通过"--no realistic photo details"去掉照片细节。下面使用 /imagine 和提示：

vector graphic logo of turtle, line, simple --no realistic photo details

生成的图像如图 4-30 所示。

图 4-30 矢量图 logo

对 --no 参数的解释详见 2.3.8 节。该参数在设计 logo 时很有用，因为 logo 的设计目标就是简洁，所以在该参数后面写出现实细节等描述词可以有效地设计出好看的 logo。

最后，推荐笔者很喜欢的一种渐变 logo。使用 /imagine 和提示：

flat vector logo of circle, gradient, turtle wrapped around earth, simple minimal, by Ivan Chermayeff

这条咒语表示"扁平的圆形矢量 logo，渐变，小龟包裹着地球，简单、极简的，伊万·切尔马耶夫作"。生成的图像如图 4-31 所示。

图 4-31　渐变 logo

　　在设计 logo 时，如果有明确的设计主体，那么只需要保证 Midjourney 生成的画面尽可能简洁，不加多余的文字，就能得到不错的效果。当主体不明确时，则可以考虑将多种意象和品牌相结合，例如尝试不同的风格、颜色、行业特性，等等。

4.6　多种风格的风景壁纸设计

　　计算机和手机的壁纸在现代生活中具有多重意义。首先，壁纸可以美化操作系统的桌面，让我们的眼睛在工作、学习的过程中得到放松。其次，壁纸可以让计算机或者手机的桌面变得个性化，使用不同的壁纸可以让我们有不同的心情和感受。

4.6.1　需求

　　设计不同风格的风景壁纸。

4.6.2　设计

　　壁纸主要有三类：

- ❑ 人像或者可爱的动物；
- ❑ 风景；
- ❑ 抽象几何画。

根据优质咒语框架来拆解需求：

主体内容，环境背景，构图，视图，参考艺术家，图像设定

因为需求中明确要求设计风景壁纸，所以主体内容是风景（scenery）。这是个很抽象的词，可以具体为：森林（forest）、山峰（mountain）、宇宙（universe）、沙漠（desert），等等。

手机壁纸的宽高比是 6 ：19，计算机壁纸的宽高比一般是 16 ：10 或者 4 ：3。通过 --ar 参数就可以调整画面宽高比。

对于不同种类的壁纸，场景可以选择线条（line）、几何形状（geometric shape）。风格可以选择马赛克（mosaic）、壁纸（wallpaper）、极简艺术（minimalist art）、简单（simple）、水墨（ink）、抽象画（abstract painting）、油画（oil painting）。色调可以选择渐变色（gradient color）。参考艺术家可以选择齐白石（Qi Baishi）、凡·高（van Gogh）、达利（Salvador Dali）、莫奈（Monet）、达·芬奇（Leonardo da Vinci）等。对于风格和参考艺术家，只要我们需要，就都可以尝试使用。

现在将上面的初步设计整理一下，如表 4-6 所示。

表 4-6　风景壁纸咒语设计

模　　块		关　　键　　词
主体内容		sceney、forest、mountain、universe
环境背景 （详见 3.4 节）	场景	line、geometric shape
	风格	mosaic、wallpaper、minimalist art、simple、ink、abstract painting、oil painting
	色调	gradient color
	光照	
	质感	
	渲染	
构图（详见 3.5 节）		
视图（详见 3.6 节）		
参考艺术家（详见 3.7 节）		Qi Baishi、van Gogh、Salvador Dali、Monet、Leonardo da Vinci
图像设定		--ar 16:10 / --ar 9:16、--q 2

初步设计有了，我们进入调试环节。

4.6.3 调试

通过初步设计得到的咒语需要在 Midjourney 独立服务器上使用，切换服务器的操作详见 3.9.1 节中的图 3-41。这里的画面宽高比统一设置为 --ar 16:10，你在练习时可以根据需要进行调整。使用 /imagine 和提示：

scenery --ar 16:10

生成的图像如图 4-32 所示。

图 4-32　风景壁纸

图 4-32 中的 4 幅作品放大后都相当不错，可以直接拿来当壁纸。

下面更换关键词为 "palace of the Forbidden City"（故宫的宫殿），使用 /imagine 和提示：

palace of the Forbidden City --ar 16:10

生成的图像如图 4-33 所示。

图 4-33 故宫壁纸

不得不感叹：世界上任何能用语言描述出来的具体地方，Midjourney 都能为我们画出来！那么，抽象的概念可以画出来吗？例如，年（year）。我们可以试试关键词"minimalist art"（极简艺术），使用 /imagine 提示：

year, minimalist art --ar 16:10

生成的图像如图 4-34 所示。

图 4-34 把"年"具象化的壁纸

Midjourney 将"年"具像化为四季颜色的变化，以及黑夜和白天的光影变化，抽象的感觉一下子就具体了。

最后，我们还可以设计一种具有反差感的壁纸，通过西方画家或者摄影艺术家的风格来展示东方的景物，反之亦可以。例如，让达·芬奇画出故宫的宫殿，使用 /imagine 和提示：

palace of the Forbidden City, by Leonardo da Vinci --ar 16:10

生成的图像如图 4-35 所示。

图 4-35 达·芬奇风格的故宫宫殿

这种反差设计是不是非常有意思？更多参考艺术家关键词详见 3.7 节。

提示：AI 绘画的商用版权问题目前还处在灰色地带，所以具有当代知名设计师、摄影师、艺术家风格的图像，不建义商用。不过，自用或者分享给朋友当作壁纸，都是没问题的。

4.7 海报设计

海报设计在产品的整个宣传过程中起着至关重要的作用。优秀的海报不仅可以吸引观众的注意，而且能准确传达宣传主题。海报的意义在于营造特定的氛围，引起观众的情感共鸣，激发购买欲望或引导行动。一款设计精良的海报可以提升品牌形象和市场认知度，增强产品的竞争优势。

4.7.1 需求

设计不同类型的海报。

4.7.2 设计

常见的海报有两种类型：

❑ 用于产品或品牌的宣传；
❑ 用于节日或庆典活动。

根据优质咒语框架来拆解需求：

主体内容，环境背景，构图，视图，参考艺术家，图像设定

两种类型的海报对应了不同的风格，所用的咒语也有所不同。对于前者，我们可以使用垫图技巧，详见 3.3 节。对于后者，我们可以通过咒语来控制 Midjourney 作图。生成海报的一些常见咒语关键词如表 4-7 所示。

表 4-7 海报咒语设计

模 块		关 键 词
主体内容		chaotic（混乱的）、impressive（令人印象深刻的）、mechanical / mechanism（机械的）、industrial（工业的）、fantastic（幻想的）、realistic（写实的）、poster（海报）
环境背景 （详见 3.4 节）	场景	
	风格	poster（海报）/ business poster（商业海报）、China traditional poster（中国传统海报）、the Mad Max style（疯狂麦克斯风格）、Marvel movie（漫威电影）、steampunk（蒸汽朋克）、cyberpunk（赛博朋克）、pixel art（像素艺术）、chibi（Q 版）
	色调	
	光照	
	质感	
	渲染	
构图（详见 3.5 节）		
视图（详见 3.6 节）		
参考艺术家（详见 3.7 节）		Yoshitomo Nara（奈良美智）
图像设定		--ar 16:10 / --ar 9:16、--q 2

初步设计有了，我们进入调试环节。

4.7.3 调试

1. 品牌海报

鱼 C 工作室有一只可爱的吉祥物小龟，如图 4-36 所示。

图 4-36　鱼 C 工作室吉祥物

我们将其上传用作原图，其链接就是主体内容，获取链接的操作详见 2.2.3 节。我们可以先让它变成宇宙中（in the universe）的航天员（astronaut），然后变为 Q 版（chibi）和蒸汽朋克（steampunk）风格。使用 /imagine 和提示：

https://cdn.discordapp.com...C.jpeg astronaut, steampunk, chibi, in the universe --ar 16:9

生成的图像如图 4-37 所示。

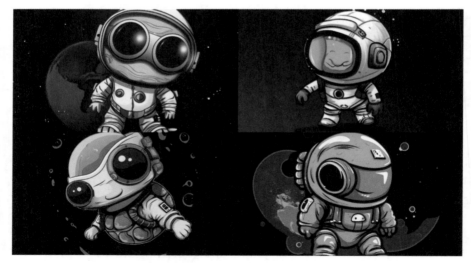

图 4-37　航天员海报

图 4-37 的整体画面还有些简单，可以使其更饱满一些：去掉关键词"chibi"，并且让小龟开一架巨大的火焰战斗机（driving a huge fire fighter）。使用 /imagine 和提示：

https://cdn.discordapp.com...C.jpeg astronaut, driving a huge fire fighter, steampunk --ar 16:9

生成的图像如图 4-38 所示。

图 4-38　包含战斗机的海报

图 4-38 中的图像就很适合用作科技类的海报背景。还可以尝试极客编程风格，使用 /imagine 和提示：

https://cdn.discordapp.com...C.jpeg poster, programming, geek, vector illusion, code --ar 16:9

这条咒语表示"海报，编程，极客，矢量插画，代码 --ar 16:9"。生成的图像如图 4-39 所示。

图 4-39　极客编程风格的海报

第 2 张图像很不错，点击 U2 按钮将其放大，然后通过图像处理软件添加文字"零基础入门学习 Midjourney"，如图 4-40 所示。

图 4-40 "零基础入门学习 Midjourney"海报样图

图 4-40 所示的海报是不是充满科技感呢？

这里补充一个知识点：Midjourney 只能帮我们把海报的背景设计好，文本还是需要用其他软件添加和处理。Midjourney 目前不能直接生成添加了正确文本的海报，例如 4-41 中的文字都是没有任何语义的"图形"。在最新的 Midjourney V5.1 版本中，生成的文本质量大幅提高，但依旧并非完全正确，详见 3.11 节。Midjourney 可以给我们提供海报的元素、氛围和场景。只要多尝试不同的咒语，就一定可以在垫图的情况下制作出令人满意的海报。

2. 节日海报

接下来演示如何设计节日类的海报，以劳动节（May Day）为例。先直接输入"May Day"，看 Midjourney 能否识别。使用 /imagine 和提示：

May Day, poster --ar 4:3

生成的图像如图 4-41 所示。

图 4-41　劳动节海报

　　图 4-41 中的图像不符合我们对劳动节的定义，因此可以采用 Niji 5 中的表现力风格来生成动漫风海报，并且添加关键词"workers of various professions"（各种职业的工作者）。下面使用 /imagine 和提示：

　　workers of various professions, poster --ar 4:3

生成的图像如图 4-42 所示。

图 4-42　动漫风海报

图 4-42 中有了不同职业的工作者，但是有些单一，没有氛围感。可以添加关键词"holding flowers in hand"（手中拿着鲜花）和"China traditional poster"（中国传统海报）来改进。使用 /imagine 和提示：

workers of various professions, holding flowers in hand, China traditional poster --ar 4:3

生成的图像如图 4-43 所示。

图 4-43　中国传统海报

图 4-43 中的图像一下子就体现出了劳动节的感觉。我们还可以从另一个角度体现劳动节的意义，那就是"庆祝"：让工作者都站在盛大的烟火前（in front of big fireworks），并参考艺术家奈良美智的风格。使用 /imagine 和提示：

workers of various professions, in front of big fireworks, by Yoshitomo Nara --ar 4:3

生成的图像如图 4-44 所示。

图 4-44　奈良美智风格的海报

　　如果让工作者变成剪影（silhouettes），并且出现在梦幻城市（fantasy city）中，节日氛围会更加浓厚。下面使用 /imagine 和提示：

　　silhouettes of workers of various professions, in front of big fireworks, fantasy city --ar 4:3

生成的图像如图 4-45 所示。

图 4-45　剪影海报

以上就是设计两种海报的不同操作方式。

4.8　汽车光感宣传图设计

通过精美的汽车宣传图，汽车制造商可以提升宣传力度，塑造良好的品牌形象，并且增强消费者对其品牌的认可和信任。

4.8.1　需求

为 Hongqi H9 汽车设计一款光感十足、充满未来感的宣传图。

4.8.2　设计

根据优质咒语框架来拆解需求：

主体内容，环境背景，构图，视图，参考艺术家，图像设定

我们将以正视图（front view）为例。为了避免出现其他视图，所以将其放在咒语开头，你可以根据需要对其进行替换。"未来感"可以通过关键词"artistic futuristic space"（艺术化未来空间）来实现。"光感十足"可以通过关键词"strong light sense"（光感强烈）和"layer"（层次）来实现。为了突出汽车在光中心的感觉，我们使用"horizontal line composition"（水平线构图），详见 3.5.2 节。

因为需求中没有指定画面宽高比，所以设置为 --ar 4:3 即可。画面质量默认为最精细的 --q 2。

现在将上面的初步设计整理一下，如表 4-8 所示。

表 4-8　汽车光感宣传图咒语设计

模　　块		关　键　词
主体内容		Hongqi H9
环境背景 （详见 3.4 节）	场景	artistic futuristic space
	风格	
	色调	
	光照	strong light sense
	质感	
	渲染	
构图（详见 3.5 节）		horizontal line composition
视图（详见 3.6 节）		front view
参考艺术家（详见 3.7 节）		
图像设定		--ar 4:3、--q 2

初步设计有了，我们进入调试环节。

4.8.3　调试

首先测试最基础的场景，使用 /imagine 和提示：

front view, Hongqi H9, artistic futuristic space, strong light sense, horizontal line composition --ar 4:3 --q 2

生成的图像如图 4-46 所示。

图 4-46　基础图像

图 4-46 初步描绘出了我们想要的"光线引导下的汽车正视图"，但是整体光感并不"十足"，也没有很强的"未来感"。因此，我们可以通过关键词"Hongqi H9 car is parked in an artistic futuristic space"（停在艺术化未来空间的 Hongqi H9 汽车）将汽车的位置描述得更加清晰。使用 /imagine 和提示：

front view, Hongqi H9 car is parked in an artistic futuristic space, strong light sense, horizontal line composition --ar 4:3 --q 2

生成的图像如图 4-47 所示。

图 4-47　更具未来感的图像

　　在图 4-47 中，未来感一下子就体现出来了，尤其是第 1 张图像。但是整体的光感还不够明显，可以继续使用关键词"with a background composed of different colors of light"（背景由不同的光线组成）来优化。使用 /imagine 和提示：

front view, Hongqi H9 car is parked in an artistic futuristic space, with a background composed of different colors of light, strong light sense, horizontal line composition --ar 4:3 --q 2

生成的图像如图 4-48 所示。

图 4-48　光感十足的图像

图 4-48 效果不错，光感十足。不过毕竟是在宣传汽车，不能让背景的光抢去视觉重点，所以可以继续添加关键词"obvious highlights on the car"（车上有明显高光）。下面使用 /imagine 和提示：

front view, Hongqi H9 car is parked in an artistic futuristic space, with a background composed of different colors of light, obvious highlights on the car, strong light sense, horizontal line composition --ar 4:3 --q 2

生成的图像如图 4-49 所示。

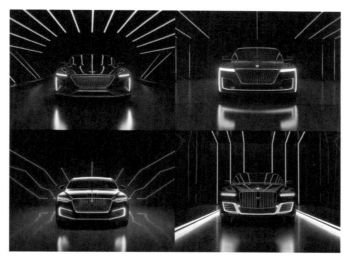

图 4-49　突出汽车的图像

图 4-49 中的图像都很不错，我们选择第 4 张，通过点击 U4 按钮将其放大，如图 4-50 所示。

图 4-50　最终的图像

只需将咒语中的"Hongqi H9"替换为你想要的其他车型，就可以为任意车型生成光感十足的宣传图。

4.9 微缩 3D 模型图设计

通过设计建筑的微缩 3D 模型图，可以将建筑的内部结构和外部环境以更加直观的方式呈现给客户，改善可视化效果。

4.9.1 需求

设计游泳池的微缩 3D 模型图。

4.9.2 设计

根据优质咒语框架来拆解需求：

主体内容，环境背景，构图，视图，参考艺术家，图像设定

这里的主体内容就是游泳池（pool）。要生成微缩 3D 模型图，除了通过关键词"3D rendering"（3D 渲染）和"OC render"（OC 渲染）来生成真实的 3D 感觉，还可以通过"isometric view"（等距视图）来让模型更立体，并且通过"chiaroscuro"（明暗对比）来营造真实的光影效果。画面的整体色调设置为"light pink color"（淡粉色）或"pink exterior"（粉色外观），场景设置为"dark background"（暗色背景），而且可以通过"rich details"来丰富画面的细节。模型采用明亮的"studio lighting"（工作室照明），风格则可以选择"blind box toy"（盲盒玩具）。

因为需求中没有指定画面宽高比，所以采用默认的 1∶1 即可。画面质量默认为最精细的 --q 2。

现在将上面的初步设计整理一下，如表 4-9 所示。

表 4-9　微缩 3D 模型图咒语设计

模　块		关　键　词
主体内容		pool
环境背景 （详见 3.4 节）	场景	dark background、rich details
	风格	blind box toy
	色调	light pink color、pink exterior
	光照	studio lighting
	质感	
	渲染	3D rendering、OC render、chiaroscuro
构图（详见 3.5 节）		
视图（详见 3.6 节）		isometric view
参考艺术家（详见 3.7 节）		
图像设定		--q 2

初步设计有了，我们进入调试环节。

4.9.3　调试

先测试最基础的微缩感，使用 /imagine 和提示：

pool, isometric view, light pink color, dark background, studio lighting, 3D rendering, OC render --q 2

生成的图像如图 4-51 所示。

图 4-51　具有微缩感的图像

　　图 4-51 展示了我们初步实现的游泳池 3D 微缩图，但是细节还不够丰富，略显单调。我们可以将"pool"扩展为"lovely pool"（可爱的游泳池），并且添加关键词"rich details"。使用 /imagine 和提示：

> lovely pool, rich details, isometric view, light pink color, dark background, studio light, 3D rendering, OC render --q 2

生成的图像如图 4-52 所示。

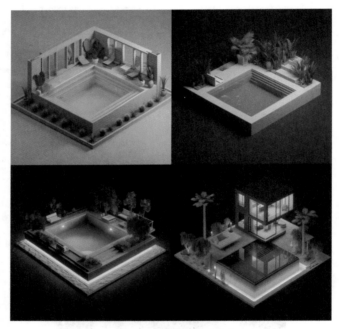

图 4-52　细节丰富的图像

　　相较于图 4-51，图 4-52 中的游泳池显得更加可爱，并且旁边出现了房子和树木等细节，整体很符合我们的需求。

　　如果想让模型变得像盲盒玩具一样可爱，还可以添加关键词"blind box toy"。下面使用 /imagine 和提示：

> lovely pool, rich details, isometric view, light pink color, dark background, studio light, 3D rendering, OC render, blind box toy --q 2

生成的图像如图 4-53 所示。

图 4-53　像盲盒玩具的图像

图 4-53 整体更加可爱，女性朋友应该会非常喜欢。只需将咒语中的"lovely pool"替换为你想要的其他建筑，就可以为任意建筑生成具有相同效果的 3D 微缩图。

4.10　儿童房概念图设计

儿童房是孩子的卧室、起居室和游戏空间，应增添一些有利于孩子观察、思考、想象和放松的元素。在装饰品方面，要注意选择一些富有创意和教育意义的多功能产品。科学合理地装潢儿童房，对于促进儿童健康成长、培养儿童的独立生活能力，以及启迪儿童的智慧具有重要的意义。因此在儿童房的设计上，要特别注意运用合理的色彩和元素搭配。

概念图是我们用来跟其他人沟通想法和创意的图像，它虽然并不等同于严谨的装修图或者施工图，但是可以让设计师更好地理解我们想要的效果。

4.10.1　需求

设计儿童房的概念图。

4.10.2　设计

根据优质咒语框架来拆解需求：

主体内容，环境背景，构图，视图，参考艺术家，图像设定

首先要知道，Midjourney 不懂如何进行家具摆放规划、房间尺寸计算等有逻辑的设计工作，它只能提供风格参考。主体内容就是儿童房（children's room 或者 nursery）。场景一般要包含丰富的细节（rich details）。色调整体要明亮（bright color），可以是莫兰迪粉色（morandi pink color），风格可以是童话风格（fairy tale style）或者水彩儿童插画（watercolor children's illustration）风格，等等。因为房间肯定是立体的，所以咒语中要添加"3D rendering"（3D 渲染）和"OC render"（OC 渲染）。

画面宽高比设置为 --ar 16:9，这样可以横向展示更多的信息。画面质量默认为最精细的 --q 2。

现在将上面的初步设计整理一下，如表 4-10 所示。

表 4-10　儿童房咒语设计

模　　块		关　键　词
主体内容		children's room / nursery
环境背景 （详见 3.4 节）	场景	rich details
	风格	fairy tale style、watercolor children's illustration
	色调	bright color、morandi pink color
	光照	
	质感	
	渲染	3D rendering、OC render
构图（详见 3.5 节）		
视图（详见 3.6 节）		
参考艺术家（详见 3.7 节）		
图像设定		--ar 16:9、--q 2

初步设计有了，我们进入调试环节。

4.10.3　调试

我们先看看 Midjourney 对"children's room"的理解。使用 /imagine 和提示：

```
children's room --ar 16:9 --q 2
```

生成的图像如图 4-54 所示。

图 4-54 儿童房图像

图 4-54 中的儿童房效果很不错，物品的摆放位置都很合理。如果想让画面更明亮，拥有丰富的细节，并且整体更加立体，就可以添加"bright color""rich details"和"3D rendering, OC render"来优化咒语。下面使用 /imagine 和提示：

children's room, rich details, bright color, 3D rendering, OC render --ar 16:9 --q 2

生成的图像如图 4-55 所示。

图 4-55 优化后的儿童房图像

图 4-55 中儿童房的整体细节更加丰富，立体感更强。我们还可以发挥想象，将一艘宇宙飞船（spacecraft）直接放到房间中——Midjourney 懂我们的意思，会将宇宙飞船元素融合到家具

中。使用 /imagine 和提示：

children's room, spacecraft, rich details, bright color, 3D rendering, OC render --ar 16:9 --q 2

生成的图像如图 4-56 所示。

图 4-56　含有宇宙飞船元素的儿童房图像

　　图 4-56 中的一些宇宙飞船并没有很好地和房间融合，例如第 4 张图像里的飞船造型就很不实用。我们可以将关键词"spacecraft"替换为"spacecraft cockpit"（宇宙飞船驾驶舱），看看效果。下面使用 /imagine 和提示：

children's room, spacecraft cockpit, rich details, bright color, 3D rendering, OC render --ar 16:9 --q 2

生成的图像如图 4-57 所示。

图 4-57　含有宇宙飞船驾驶舱元素的儿童房图像

　　图 4-57 中的儿童房与宇宙飞船驾驶舱十分相似，因此需要使用 "children's room::" 来提高 "儿童房" 的权重，对权重的解释详见 3.1 节。生成的图像如图 4-58 所示。

图 4-58 "儿童房" 权重较高的图像

　　图 4-58 中的驾驶舱元素很好地与床等物品融合到了一起，并且出现了含有宇宙元素的装饰品。如果想将房间设置为自己喜欢的颜色，例如莫兰迪粉色（morandi pink color），直接在咒语中添加关键词即可。生成的图像如图 4-59 所示。

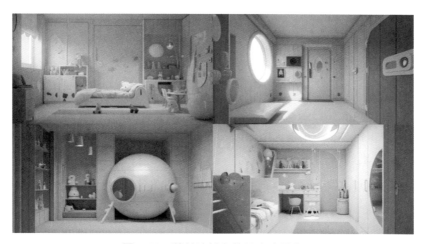

图 4-59 莫兰迪粉色的儿童房图像

　　只需将咒语中的 "lovely children's room" 替换为你想要的其他房间，就可以为任意房间生成具有相同效果的概念图。

4.11 电影分镜设计

电影分镜是指在电影拍摄之前用图像描述的一系列镜头画面，包括画面角度、运镜方式、构图、景深等元素，是导演和摄影师进行艺术创作的重要工具。分镜的作用是帮助导演和摄影师更好地掌握场景和人物之间的关系，安排镜头的位置、角度、运动方式等，从而达到最佳的视觉效果。

4.11.1 需求

分别用全景视图、中景镜头、脸部镜头、特写和大特写呈现行走在未来的废弃城市中、正在用一把 Kar98k 步枪射击的女战士。

4.11.2 设计

首先说明一下，如果想用 Midjourney 绘制分镜，控制景别往往非常难。当我们用 Midjourney 绘制影视分镜的时候，常常有一个误区，就是只告诉 Midjourney 我们想要的镜头焦段（比如30mm），这时 Midjourney 给出的结果往往不符合我们的需求。这是因为影响 Midjourney 构图的因素是有不同优先级的：描述语句 > 景别描述 > 镜头（焦段）描述。

然后根据优质咒语框架来拆解需求：

主体内容，环境背景，构图，视图，参考艺术家，图像设定

需求中 5 种不同视图下的主体都是正在用 Kar98k 步枪射击的女战士（female warrior shooting Kar98k），不过几个特写镜头下会呈现主体的不同部分：女战士（female warrior）、手中的 Kar98k（Kar98k holding by a hand）和女战士的银色眼睛（silver eyes of female warrior）。在不同视图下的设计分别如下。

- ❑ 全景视图（panoramic view）：用超广角（ultra-wide angle）镜头呈现行走在废弃的城市中（walking in an abandoned city）的女战士，背景采用霓虹灯之夜（neon night）来烘托整体的赛博朋克风格（cyberpunk style）。用虚幻引擎（Unreal engine）渲染，使画面更加逼真。
- ❑ 中景镜头（medium shot）：主体内容和全景视图中一样，只不过不需要描述行走在废弃的城市中，而是直接采用类似长焦的紧凑镜头（tight shot）表现正在射击的画面。

- ❏ 脸部镜头（face shot）：在保持整体风格不变的情况下，给女战士的脸部一个镜头。
- ❏ 特写（close up）：在广角（wide angle）镜头下让主体内容变为 Kar98k，给女战士的手部一个特写。
- ❏ 大特写（extreme close up）：通过长焦（telephoto）镜头凸显女战士的银色眼睛（silver eyes of female warrior）。

画面宽高比设置为 --ar 16:9，这样可以横向展示更多信息。画面质量默认为最精细的 --q 2。

现在将上面的初步设计整理一下，如表 4-11 所示。

表 4-11　电影分镜咒语设计

模　　块		关　键　词
主体内容		female warrior shooting Kar98k（female warrior、Kar98k holding by a hand、silver eyes of female warrior）
环境背景 （详见 3.4 节）	场景	walking in an abandoned city
	风格	cyberpunk style
	色调	
	光照	neon night
	质感	
	渲染	Unreal engine
构图（详见 3.5 节）		
视图（详见 3.6 节）		panoramic view、ultra-wide angle、medium shot、tight shot、face shot、wide angle、extreme close up、telephoto
参考艺术家（详见 3.7 节）		
图像设定		--ar 16:9、--q 2

初步设计有了，我们进入调试环节。

4.11.3　调试

下面来依次实现需求中的不同分镜。

1. 全景视图

根据需求使用 /imagine 和提示：

> female warrior shooting Kar98k, full body, walking in an abandoned city, panoramic view,
> ultra-wide angle, cyberpunk style, Unreal engine --ar 16:9 --q 2

生成的图像如图 4-60 所示。

图 4-60　全景视图图像

图 4-60 中的背景是白天，而夜晚会更适合赛博朋克风格，所以再添加关键词"neon night"。使用 /imagine 和提示：

> female warrior shooting Kar98k, full body, walking in an abandoned city, panoramic view, ultra-wide angle, cyberpunk style, neon night, Unreal engine --ar 16:9 --q 2

生成的图像如图 4-61 所示。

图 4-61　以夜晚为背景的图像

图 4-61 整体都很符合我们的需求，特别是第 3 张图像，所以我们点击 U3 按钮将其放大并保存。

2. 中景镜头

根据需求使用 /imagine 和提示：

female warrior shooting Kar98k, medium shot, tight shot, cyberpunk style, neon night, Unreal engine --ar 16:9 --q 2

生成的图像如图 4-62 所示。

图 4-62　中景镜头图像

图 4-62 整体也很符合中景镜头下我们的设计需求，特别是第 1 张图像，所以我们点击 U1 按钮将其放大并保存。

3. 脸部镜头

根据需求使用 /imagine 和提示：

female warrior, face shot, cyberpunk style, neon night, Unreal engine --ar 16:9 --q 2

生成的图像如图 4-63 所示。

图 4-63　脸部镜头图像

　　确定好主体内容后，图 4-63 中的脸部特写也都很不错，特别是第 1 张图像，所以我们点击 U1 按钮将其放大并保存。

4. 特写

根据需求使用 /imagine 和提示：

Kar98k holding by a hand, close up, cyberpunk style, neon night, Unreal engine --ar 16:9 --q 2

生成的图像如图 4-64 所示。

图 4-64　特写图像

图 4-64 中的第 1、第 2 和第 4 张图像有问题，手指的数目不对。这也反映出了 Midjourney 的一个缺陷——不会正确画手。我们只有多次尝试，才能找出最满意的效果。第 3 张图像的效果还不错，所以我们点击 U3 按钮将其放大并保存。

5. 大特写

根据需求使用 /imagine 和提示：

silver eyes of female warrior, extreme close up, telephoto, cyberpunk style, neon night, Unreal engine --ar 16:9 --q 2

生成的图像如图 4-65 所示。

图 4-65 大特写图像

图 4-65 中的眼睛特写都很不错，特别是第 3 张图像，所以我们点击 U3 按钮将其放大并保存。

最后，我们用图像处理软件将保存下来的图像拼接成一张完整的分镜图，如图 4-66 所示。

图 4-66　完整分镜图

生成分镜图的难点主要在于对视图的选择，更多视图关键词详见 3.6 节。你可以模仿本节中的视图选取，将咒语中的主体内容替换为自己想要的人物，从而实现对应的分镜图。

4.12 故事绘本设计

故事绘本通过幻想和夸张等手法，描绘了美丽的世界和多彩的人物，让儿童在阅读中感受美好、梦幻和乐趣，从而丰富他们的精神生活。绘本故事中常常有虚构的角色和情节，能够激发儿童的想象力和创造力，促进他们在艺术创作方面的发展。童话故事不仅是儿童读物，也是父母进行亲子教育的好素材。通过讲述故事，父母可以帮助孩子理解世界和人性，提高亲子沟通的质量。

4.12.1 需求

创造一则绘本故事：主人公小兔子 Lucy 梦想成为一名厨师，在家人和朋友的鼓励以及自己的不断努力下，她最终开了一家森林中最受欢迎的餐厅。

4.12.2 设计

本节不会对分镜视图的用法进行详细介绍，可以回顾 4.11 节。

根据优质咒语框架来拆解需求：

主体内容，环境背景，构图，视图，参考艺术家，图像设定

首先将需求中的内容拆分为不同的场景。

- ❏ 场景一：用中景镜头（medium shot）展现一只热爱烹饪的可爱兔子（lovely rabbit）Lucy，使用拟人化（anthropomorphic）处理。
- ❏ 场景二：拉近特写（close up），通过长焦（telephoto）凸显 Lucy 认真做菜时专注的神情。
- ❏ 场景三：用全景视图（panoramic view）展现家人和朋友吃到 Lucy 做的菜时开心的表情。
- ❏ 场景四：用全景视图展现 Lucy 开了一家餐厅。
- ❏ 场景五：用特写展现 Lucy 开的餐厅大获成功，她被誉为森林中最好的厨师，并且获得了一座奖杯。

整体采用 Niji 5 中自带背景渲染的景观风格（Scenic Style）即可，详见 3.8.3 节。还可以为其指定"watercolor children's illustration"（儿童水彩插画）风格。

画面宽高比设置为 --ar 16:9，这样可以横向展示更多信息。画面质量默认为最精细的 --q 2。

现在将上面的初步设计整理一下，如表 4-12 所示。

表 4-12　故事绘本咒语设计

模　　块		关　键　词
主体内容		lovely rabbit
环境背景 （详见 3.4 节）	场景	
	风格	watercolor children's illustration
	色调	
	光照	
	质感	
	渲染	anthropomorphic
构图（详见 3.5 节）		
视图（详见 3.6 节）		medium shot、panoramic view、close up、telephoto
参考艺术家（详见 3.7 节）		
图像设定		--ar 16:9、--q 2

初步设计有了，我们进入调试环节。

4.12.3　调试

下面来依次实现需求中的不同场景。

1. 场景一

先来实现场景一中的全景视图，用咒语描述一只可爱的兔子梦想成为一名很棒的厨师（dreams of becoming a great chef）。根据需求使用 /imagine 和提示：

> lovely rabbit, anthropomorphic, watercolor children's illustration, dreams of becoming a great chef, medium shot --ar 16:9 --q 2

生成的图像如图 4-67 所示。

图 4-67　场景一

图 4-67 用中景描绘了正在做饭的小兔子,我们觉得第 3 张图像不错,所以点击 U3 按钮将其放大并保存。然后获取其 seed 值,并在后续场景中都用该 seed 值进行垫图操作,尽可能保证整体画风相似。垫图操作详见 3.3 节。

2. 场景二

接着实现场景二中的特写,用咒语描述拿着勺子的毛茸茸的兔爪子(furry rabbit claws holding a spoon)。根据需求使用 /imagine 和提示:

furry rabbit claws holding a spoon, cooking, close up, watercolor children's illustration
--ar 16:9 --q 2 --seed 2115483

生成的图像如图 4-68 所示。

图 4-68　场景二

图 4-68 中的第 4 张图像最符合我们的需求，所以点击 U4 按钮将其放大并保存。

3. 场景三

然后实现场景三的全景视图，用咒语描述小兔子的朋友和家人（rabbit's friends and family）品尝她做的菜（taste her dishes），并且鼓励她追求自己的爱好（encourage her to pursue her passion）。根据需求使用 /imagine 和提示：

rabbit's friends and family, taste her dishes, encourage her to pursue her passion, panoramic view, watercolor children's illustration --ar 16:9 --q 2 --seed 2115483

生成的图像如图 4-69 所示。

图 4-69　场景三

图 4-69 中的第 4 张图像最符合我们的需求，点击 U4 按钮将其放大并保存。

4. 场景四

再来实现场景四，用咒语描述小兔子开了自己的餐厅（opens her own restaurant），正在举行开业庆典（opening ceremony）。根据需求使用 /imagine 和提示：

rabbit, opens her own restaurant, opening ceremony, panoramic view, watercolor children's illustration --ar 16:9 --q 2 --seed 2115483

生成的图像如图 4-70 所示。

图 4-70 场景四

图 4-70 中的第 2 张图像最符合我们的需求，所以点击 U2 按钮将其放大并保存。

5. 场景五

最后来实现场景五，用咒语描述小兔子在餐厅中（in restaurant），她赢得了冠军奖杯（wins the championship trophy）。根据需求使用 /imagine 和提示：

rabbit, wins the championship trophy, in restaurant, close up, watercolor children's illustration
--ar 16:9 --q 2 --seed 2115483

生成的图像如图 4-71 所示。

图 4-71 场景五

图 4-71 中的第 1 张图像最符合我们的需求，所以点击 U1 按钮将其放大并保存。

最后我们通过图像处理软件将保存下来的图像组合在一起并配上文字，一则绘本故事就完成了，如图 4-72 所示。

图 4-72　生成绘本故事

只需将咒语中的 "rabbit" 替换为自己想要的角色，并且按照本节的方式创建咒语，就可以创造类似的绘本故事。

4.13 怪诞虚构照片设计

Midjourney 很擅长生成我们想象不到的图像，尤其是描绘在生活或者摄影作品中很难出现的一些景象。我们可以利用反差打造很多超现实主义作品。超现实主义是 20 世纪初期在欧洲兴起的一种文艺思潮，它与现实主义迥然不同，不关注客观真实，而是强调个人的想象力和意识流的发挥。超现实主义者试图挖掘人类内心深处的潜意识，追求自由和创造力，以自由联想和想象为基础，创造出了许多离奇古怪、荒诞不经的无厘头作品。

4.13.1 需求

设计超现实的虚构照片。

4.13.2 设计

我们将通过两种营造反差的方式来打造不同的超现实主义作品。

❑ 时空反差：让不同时代的人同时出现，或者把现实中的人与现实中不存在的场景相融合，等等。

❑ 人物反差：让人物的形象或穿搭与现实不同。

这两种方式既可以独立使用，也可以混合使用。

根据优质咒语框架来拆解需求：

  主体内容，环境背景，构图，视图，参考艺术家，图像设定

简单来说，时空反差就是让古代人做现代的事，或者让现代人做古代的事。例如，我们让许多斯巴达勇士从事现代工作（many heroes of Sparta doing modern jobs），并且让他们坐在互联网公司中（sitting in the Internet company）。另外一些非现实的景象包括：大象比老鼠小，兵马俑开车，外星人和人类握手，等等。有时，为了让生成的照片实现做旧效果，会使用关键词 "Polaroid old photo"（宝丽来老照片）或者 "yellowing old photo"（发黄的老照片）。

人物反差就是让我们熟悉的人物发生不一样的变化。例如，可以设计为 20 世纪最重要的科学家之一爱因斯坦（Albert Einstein）穿上中国盔甲（Chinese armor）。光照可以选择工作室光照（studio lighting）。

画面宽高比设置为 --ar 16:9 或者 --ar 6:19。画面质量默认为最精细的 --q 2。风格值则为 --s 750。

现在将上面的初步设计整理一下，如表 4-13 所示。

表 4-13　怪诞虚构照片咒语设计

模　块		关　键　词
主体内容		heroes of Sparta、Albert Einstein
环境背景 （详见 3.4 节）	场景	sitting in the Internet company
	风格	realistic、Polaroid old photo、yellowing old photo、Kodak photograph
	色调	
	光照	studio lighting
	质感	
	渲染	
构图（详见 3.5 节）		
视图（详见 3.6 节）		
参考艺术家（详见 3.7 节）		
图像设定		--ar 9:16 / --ar 16:9、--q 2、--s 750

初步设计有了，我们进入调试环节。

4.13.3　调试

1. 时空反差

先来实现时空反差。根据需求编写咒语：

> many heroes of Sparta doing morden jobs, sitting in the Internet company, realistic, photo --ar 16:9 --s 750 --q 2

生成的图像如图 4-73 所示。

图 4-73　斯巴达勇士在互联网公司中办公

我们在图 4-73 中让斯巴达勇士们在互联网公司中办公，是不是很有意思呢？然后稍微修改一下咒语，让他们一起在电影院（at the movie theater）看电影（watching movie）。使用 /imagine 和提示：

many heroes of Sparta watching movie, at the movie theater, realistic, photo --ar 16:9 --s 750 --q 2

生成的图像如图 4-74 所示。

图 4-74　斯巴达勇士在电影院中看电影

　　图 4-74 中除了第 4 张图像的细节有些问题，整体还是很不错的。如果有不满意的图像，直接重新生成即可。

　　下面再举两个时空反差的例子，一个例子是"在长城里站满了小黄人"。使用 /imagine 和提示：

　　a large quantity of minions, in the Great Wall, realistic, photo --ar 16:9 --s 750 --q 2

生成的图像如图 4-75 所示。

图 4-75　在长城里站满了小黄人

　　另一个例子是"1980 年的中国街道上的机器人员工"。使用 /imagine 和提示：

　　1980's Chinese street, Asian people, robots staff --ar 16:9 --s 750 --q 2

生成的图像如图 4-76 所示。

图 4-76　1980 年的中国街道上的机器人员工

　　我们还可以通过添加关键词"Polaroid old photo"（宝丽来老照片）让图像更像老照片。使用 /imagine 和提示：

　　1980's Chinese street, Asian people, robots staff, Polaroid old photo --ar 16:9 --s 750 --q 2

生成的图像如图 4-77 所示。

图 4-77　更像老照片的图像

　　图 4-77 看起来非常写实，很像真实存在的景象。除了上面提到的"Polaroid old photo"和
"yellowing old photo"，还可以试试将图像风格设置为"Kodak photograph"（柯达照片），同样
会得到很不错的做旧效果。

　　2. 人物反差

　　接下来实现人物反差。使用 /imagine 和提示：

Albert Einstein

生成的图像如图 4-78 所示。

图 4-78　爱因斯坦

　　结果很不错，Midjourney 显然是认识爱因斯坦的，然后我们使用咒语让他穿上中国盔甲
（Chinese armor）。使用 /imagine 和提示：

Albert Einstein, Chinese armor f/2.8, studio lighting, Kodak photograph --ar 9:16 --s 750 --q 2

这条咒语表示"爱因斯坦，中国盔甲，光圈 2.8，工作室照明，柯达照片 --ar 9:16 --s 750 --q 2"。
生成的图像如图 4-79 所示。

图 4-79　穿中国盔甲的爱因斯坦

　　图 4-79 只是一种演示结果，欢迎你发挥想象，创造更多怪诞虚构照片。关于人像设计的更多玩法，详见 4.14 节。

4.14　人像照片设计

　　当人们看到一张出色的人像照片时，会被照片中的人物吸引。照片中的人物可以让人们产生情感上的共鸣，或者获得审美上的享受。这张照片可以让人们思考自己的生活，从照片中的人物身上学到一些东西，并让自己的生活产生一些变化。

　　在 Midjourney 中，可以通过添加相机或者镜头的名称来实现不同的人像对焦效果。

4.14.1　需求

　　用不同的相机和视角为爱因斯坦设计人像照。

4.14.2 设计

可以在 Midjourney 中设置以下元素来调整人像的不同效果。

- ❑ 相机：Midjourney 支持不同种类的相机，包括运动相机 GoPro。
- ❑ 胶卷：比如 8mm 胶卷（shot on 8mm）。
- ❑ 镜头：比如 15mm 镜头或光圈 2.8（f/2.8）。
- ❑ 相机：比如短曝光（short exposure）、双重曝光（double exposure）。
- ❑ 景深和焦点：比如深景、浅景、柔焦（shallow focus）或者消失点。

根据优质咒语框架来拆解需求：

主体内容，环境背景，构图，视图，参考艺术家，图像设定

主体内容就是"Albert Einstein"，我们在 4.13 节已经知道 Midjourney 是认识爱因斯坦的。可以在咒语中改变相机与镜头的设置，以便生成不同的肖像图。

风格可以选择黑白电影（black and white film）和柯达胶卷（Kodak film）。画面宽高比设置为 --ar 9:16。画面质量默认为最精细的 --q 2。风格值则为 --s 750。

现在将上面的初步设计整理一下，如表 4-14 所示。

表 4-14　人像照片咒语设计

模　　块		关　　键　　词
主体内容		Albert Einstein
环境背景 （详见 3.4 节）	场景	
	风格	black and white film、Kodak film
	色调	
	光照	
	质感	
	渲染	
构图（详见 3.5 节）		shot on 8mm / shot on 16mm / shot on 35mm、short exposure / double exposure、f/1.0 / f/2.8 / f/22、shallow focus
视图（详见 3.6 节）		
参考艺术家（详见 3.7 节）		
图像设定		--ar 9:16、--q 2、--s 750

初步设计有了，我们进入调试环节。

4.14.3 调试

我们的核心咒语是

Albert Einstein suit up --ar 9:16 --s 750 --q 2

下面按照表 4-14 所示"风格"和"构图"中的值顺序，依次在咒语中添加关键词。

首先使用 /imagine 和提示：

Albert Einstein suit up, black and white film --ar 9:16 --s 750 --q 2

生成的图像如图 4-80 所示。

图 4-80　黑白电影风格的图像

黑白照片可以突出画面中的线条、形状和结构等元素，从而在视觉上给人们带来更多的想象空间。此外，黑白照片通常具有更加深沉和高雅的气质，更能够引起人们的情感共鸣。

其次使用 /imagine 和提示：

Albert Einstein suit up, Kodak film --ar 9:16 --s 750 --q 2

生成的图像如图 4-81 所示。

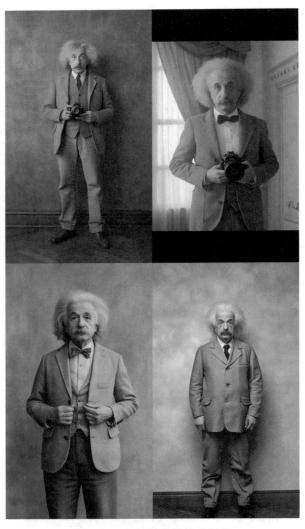

图 4-81 柯达胶卷风格的图像

柯达照片中的人像具有颜色鲜艳、对比度高和上色持久等特点。

接着使用 /imagine 和提示：

Albert Einstein suit up, depth of field --ar 9:16 --s 750 --q 2

生成的图像如图 4-82 所示。

图 4-82　突出景深的图像

景深指的是照片上拍摄主体前后的清晰范围，也称为焦距深度区域。

然后使用 /imagine 和提示：

Albert Einstein suit up, shallow focus --ar 9:16 --s 750 --q 2

生成的图像如图 4-83 所示。

图 4-83 柔焦图像

柔焦指的是在相机镜头前加上一层特殊的滤镜，使被拍摄的主体轻微模糊，以呈现柔和的美感。柔焦的视觉效果相较于深景和浅景来说更强调画面的情感主题，把重点集中在质感效果上，使照片产生一种朦胧感，刻画出一幅浪漫的画面。

接下来分别使用关键词"short exposure"和"double exposure"，生成图像的对比如图 4-84 所示。

图 4-84　短曝光和双重曝光的对比

　　短曝光用于抓拍运动员、表演者或动物等，或者用于需要快速捕捉瞬间的场景，例如拍摄快速移动的火车、汽车等交通工具。由于短曝光有时间的限制，这种方式可以冻结运动物体并防止出现模糊的情况。双重曝光可以将拍摄主体和背景叠加在一起，创造出疏密有致或扭曲、神秘的效果。这种技术在拍摄人像、风景和建筑等领域十分受欢迎，因为它可以创造出独特、浪漫和奇异的图像。

　　接下来分别输入关键词"shot on 8mm""shot on 16mm"和"shot on 35mm"，图像的对比如图 4-85 所示。

图 4-85　不同胶卷的对比

　　8mm 胶卷适用于家庭和旅游摄影等普通场景。16mm 和 35mm 胶卷则适用于电影、纪录片和商业广告的拍摄。

　　接下来分别输入关键词"f/1.0""f/5.6"和"f/22",生成图像的对比如图 4-86 所示。

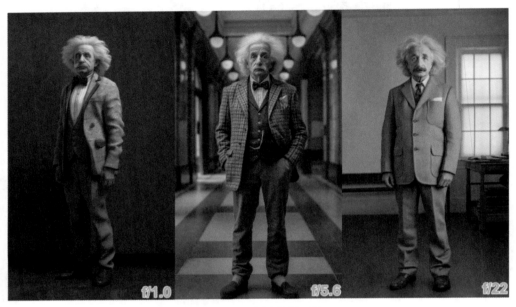

图 4-86　不同光圈的对比

　　光圈值越大,则光圈越小、画面越暗;光圈值越小,则光圈越大、画面越亮。常用的光圈值有 f/1.4、f/2.0、f/2.8、f/4.0、f/5.6、f/8.0、f/11、f/16、f/22 和 f/32。人类眼睛的焦距大约为 22mm,瞳孔的最大直径一般为 6 ~ 7mm,因此人类眼睛的光圈值在强光环境下大约为 f/8.3,而在暗光环境下则能达到 f/2.1。

第 5 章

便捷工具

使用第三方网站或者工具，可以让我们用 Midjourney 绘制图像的能力更上一层楼。海量咒语、艺术家风格、光线和案例等素材，我们都可以在线查看和借鉴。

5.1　语言模型工具

语言模型是一种基于统计学的自然语言处理技术，可以用来预测句子或文本序列中下一个词或标记（token）的概率分布。语言模型可以用于自动文本生成、机器翻译、语音识别等多个领域。它的核心思想是利用历史上出现过的文本数据，学习语言的规律和模式，从而预测未来的文本序列。

ChatGPT（Chat Generative Pre-trained Transformer）是美国 OpenAI 公司研发的聊天机器人程序，于 2022 年 11 月 30 日发布。ChatGPT 是由 AI 技术驱动的自然语言处理工具，不仅能够通过理解和学习人类的语言来与人类对话，还能参考和利用聊天的上下文，功能十分强大。你也可以使用国内的一些类似工具，推荐如下。

- ❑ 文心一言：百度研发的知识增强大语言模型，能够与人对话、回答问题、协助创作，可以高效便捷地帮助人们获取信息、知识和灵感。
- ❑ 讯飞星火：科大讯飞推出的基于 AI 的语音智能服务系统，支持多种场景下的语音交互，能实现语音识别、语音合成、语音评测等功能，并可以根据用户的需求进行个性化定制。
- ❑ 阿法奇想：基于自然语言处理技术的语言模型，可以帮助用户进行文本分类、情感分析，以及执行问题回答等任务。它提供了多种自然语言处理工具和数据集，支持多种应用场景。

你可以根据自身的使用偏好进行选择，它们的使用方法都是相似的，接下来基于 ChatGPT 进行演示。想了解使用这些语言工具的具体方式，可以在互联网上搜索。

第 1 步 输入“你知道什么是 Midjourney 吗”，ChatGPT 的回复如图 5-1 所示。

Midjourney（中途之旅）这个词本身没有特定的定义，但通常表示一个过程中的某个阶段，可能指的是一段旅程、计划、项目等的中间阶段。这个词可以在各种上下文中使用，以描述一个过程正在进行，尚未完成的状态。如果您具体询问某个特定领域或场景下的Midjourney，请提供更多信息以便我为您解答。

图 5-1 回复结果 1

第 2 步 输入“Midjourney 是一款 AI 绘画工具，只要输入用户想到的文字，就能产出相应的图像”，ChatGPT 的回复如图 5-2 所示。

感谢您提供的信息。Midjourney 是一款AI绘画工具，通过将文本描述转换为相应的图像，它利用了人工智能技术。这种工具通常使用了一种称为生成对抗网络（GAN）的技术。生成对抗网络由两个互相竞争的神经网络组成，一个是生成器，另一个是鉴别器。生成器负责根据输入的文本生成图像，而鉴别器则负责判断生成的图像是否符合输入文本的描述。这个过程在神经网络之间进行多次迭代，直到生成出令人满意的图像。

这种类型的AI绘画工具可以广泛应用于各种领域，如艺术、设计、广告等，它们可以帮助人们根据想法快速生成视觉图像，提高创作效率。需要注意的是，这类工具的质量和准确性可能因其训练数据和模型设计的不同而有所差异。

图 5-2 回复结果 2

第 3 步 输入“我希望把你作为 Midjourney 程序的提示（prompt）生成器。你的工作是提供详细、有创意的描述，以激发 AI 生成独特和有趣的图像。请记住，AI 能够准确理解人类的语言，并能解释抽象的概念，所以请尽可能地自由发挥想象力和描述力"，ChatGPT 的回复如图 5-3 所示。

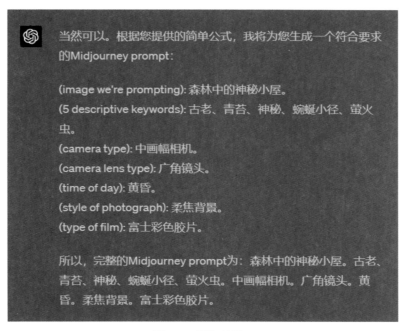

 当然可以！下面是一个充满想象力和详细描述的场景，供您参考：

在一个遥远的星球上，一座璀璨的未来城市矗立在一片巨大的悬浮岛上。这座城市由光滑的透明建筑组成，它们在阳光下闪烁着七彩光芒。沿着城市的街道，一排排高耸入云的水晶塔楼映衬着天空中的彩色光环。在街道两侧，生长着一种形状奇特的植物，它们的叶子像翡翠般闪烁，花朵散发着宝石般的光泽。

图 5-3　回复结果 3

第 4 步　输入 "Midjourney prompt 的简单公式是 (image we're prompting). (5 descriptive keywords). (camera type). (camera lens type). (time of day).(style of photograph). (type of film)，请务必记住这个公式，后续统一使用该公式生成提示"，ChatGPT 的回复如图 5-4 所示。

当然可以。根据您提供的简单公式，我将为您生成一个符合要求的Midjourney prompt：

(image we're prompting): 森林中的神秘小屋。
(5 descriptive keywords): 古老、青苔、神秘、蜿蜒小径、萤火虫。
(camera type): 中画幅相机。
(camera lens type): 广角镜头。
(time of day): 黄昏。
(style of photograph): 柔焦背景。
(type of film): 富士彩色胶片。

所以，完整的Midjourney prompt为：森林中的神秘小屋。古老、青苔、神秘、蜿蜒小径、萤火虫。中画幅相机。广角镜头。黄昏。柔焦背景。富士彩色胶片。

图 5-4　回复结果 4

第 5 步　输入"请用我刚才告诉你的简单公示，为'站在上海街头，穿着中国古代服装的神龟'生成 prompt，要英文的输出结果"，ChatGPT 的回复如图 5-5 所示。

根据您的要求，以下是使用您提供的简单公式生成的英文Midjourney prompt：

(image we're prompting): A divine turtle in ancient Chinese attire standing on a Shanghai street.

(5 descriptive keywords): Majestic, mythical, cultural fusion, bustling, architectural marvels.

(camera type): Mirrorless camera.

(camera lens type): Wide-angle lens.

(time of day): Twilight.

(style of photograph): Architectural photography.

(type of film): Fujifilm Velvia color film.

Therefore, the complete Midjourney prompt would be: A divine turtle in ancient Chinese attire standing on a Shanghai street. Majestic, mythical, cultural fusion, bustling, architectural marvels. Mirrorless camera. Wide-angle lens. Twilight. Architectural photography. Fujifilm Velvia color film.

图 5-5　回复结果 5

ChatGPT 生成的咒语如下：

A divine turtle in ancient Chinese attire standing on a Shanghai street. Majestic, mythical, cultural fusion, bustling, architectural marvels. Mirrorless camera, Wide-angle lens. Twilight. Architectural photography. Fujifilm Velvia color film.

我们在 Midjourney 中直接使用这段咒语，生成的图像如图 5-6 所示。

图 5-6 使用 ChatGPT 提供的咒语生成的图像

生成的效果还是很不错的。上面介绍的前 4 步都是固定的，直接输入上述内容即可。在第 5 步中，需要把描述文字替换为自己想要的场景。欢迎有兴趣的读者自行体验。

5.2 鱼 C 论坛创意馆

鱼 C 论坛创意馆是鱼 C 工作室为 Midjourney、Stable Diffusion 等 AI 工具使用者搭建的在线交流网站。笔者会将日常制作的 Midjourney 成品图、咒语等上传到这里（主题如图 5-7 所示），读者可以一键复制，拿来即用。欢迎有兴趣的读者前去在线交流学习。

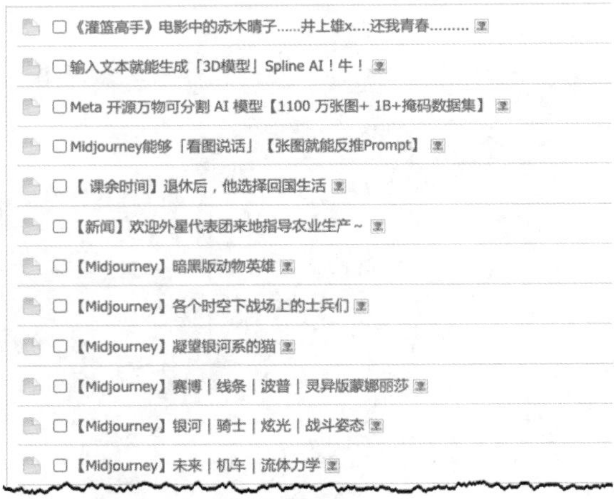

《灌篮高手》电影中的赤木晴子……井上雄x……还我青春………

输入文本就能生成「3D 模型」Spline AI！牛！

Meta 开源万物可分割 AI 模型【1100 万张图＋ 1B+掩码数据集】

Midjourney能够「看图说话」【一张图就能反推Prompt】

【课余时间】退休后，他选择回国生活

【新闻】欢迎外星代表团来地指导农业生产～

【Midjourney】暗黑版动物英雄

【Midjourney】各个时空下战场上的士兵们

【Midjourney】凝望银河系的猫

【Midjourney】赛博｜线条｜波普｜灵异版蒙娜丽莎

【Midjourney】银河｜骑士｜炫光｜战斗姿态

【Midjourney】未来｜机车｜流体力学

图 5-7　鱼 C 论坛创意馆

5.3　MidJourney Prompt Helper

MidJourney Prompt Helper 网站（如图 5-8 所示）拥有数百万个 Midjourney 案例的文字描述和图像，可以为读者提供充足的创作灵感。它的使用方式很简单，通过点击选择需要的风格、光照、相机参数、艺术家、颜色、材质等，就可以直接生成所需的完整咒语。

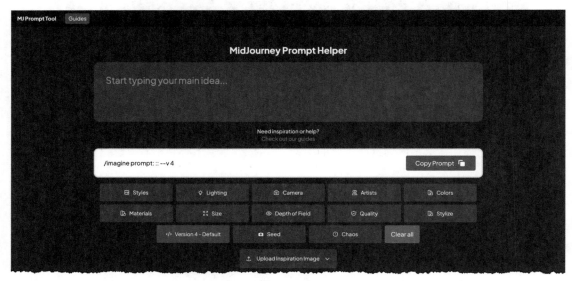

图 5-8　MidJourney Prompt Helper

5.4   Andrei Kovalev's Midlibrary

Andrei Kovalev's Midlibrary 网站（如图 5-9 所示）提供大量艺术家和设计师的 AI 艺术画作和关键词，你可以直接选择自己喜欢的艺术家风格，然后通过"by [艺术家]"直接在咒语中使用。

图 5-9   Andrei Kovalev's Midlibrary

5.5   Upscayl

Upscayl（如图 5-10 所示）是一款基于 AI 神经网络与深度学习的画质提升软件，可以无损放大图片。请根据你的计算机系统下载该软件，然后将通过 U 操作放大后的图像导入其中，步骤如下。

- ❏ 第 1 步：选择我们要放大的图像。
- ❏ 第 2 步：选择我们想要的风格，一般用默认设置即可。（如果勾选 Double，放大的尺寸会是默认设置的 2 倍。）
- ❏ 第 3 步：选择放大后的图像的存储路径。
- ❏ 第 4 步：可以选择 .png、.jpg 和 .webp 这 3 种格式，在确认无误后，点击 UPSCAYL 开始放大。

图 5-10　Upscayl

放大后的图像可以用于印刷和版画的制作。如果放大一次图像仍不满意，还可以将放大后的图像再次放大。

5.6　Midjourney 社区展板

在 Midjourney 中，每当我们输入 2.4.8 节介绍的 /info 指令并按回车键后，底部都会出现跳转按钮 Go to your feed。点击进入后，再点击页面左下角的 Showcase 按钮，就会进入展板页面（如图 5-11 所示）。虽然新手大多不会关注展板页面，但它可是一个宝藏页面，列出了 Midjourney 官方评选出的前 100 名作品。

图 5-11　Community Showcase

请先确保已经登录了自己的账户，然后找到自己喜欢的图像并将鼠标悬停在上方，在弹出的窗口中点击 3 个小点"…"，如图 5-12 所示。

图 5-12　选择喜欢的图像

如图 5-13 所示，点击 3 个小点（见①）后依次点击 Copy（见②）和 Full Command（见③）。

图 5-13　复制完整的咒语

然后打开自己的服务器，直接在输入框中粘贴刚才复制的咒语，如图 5-14 所示。

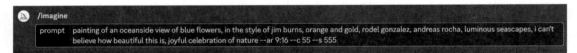

图 5-14　在自己的服务器中粘贴咒语

我们也可以对复制的咒语进行修改。笔者经常会到这里寻找灵感，每当看到很厉害的咒语时，都会将其放到自己的服务器中学习。

5.7　常见问题及答案

本节会分享笔者经常被问到的一些重要问题的答案，不管是新手还是熟练掌握 Midjourney 的"老鸟"，都推荐仔细看看，查漏补缺。

5.7.1　Midjourney 在国内能用吗

Midjourney 在国内可以直接使用。Midjourney 并不是软件，不用安装。它只是一个搭载在 Discord 上的"小程序"，只需要注册 Discord 账号即可使用，而 Discord 可以直接通过客户端或网页端打开。

5.7.2　可以去 Newbie（新手）房间吗

新手注册成功后最好不要去新手房间练习，因为这里的图像刷新速度太快，你根本找不到自己的图。强烈建议按照 1.4 节提到的方式创建自己的服务器房间。笔者建议创建 3 个服务器房间：

- ❑ 一个用来复制和保存好的创意；
- ❑ 一个用来自己摸索和尝试（很可能出现大量废图）；
- ❑ 一个用来存放工作图像（保存正式作品的地方）。

5.7.3　在咒语中添加 HD、4K 有用吗

你可能会看到有人在咒语中添加 4k、6k、8k、16k、ultra 4k、octane、Unreal、V-Ray、Lumion、RenderMan、hd、hdr、hdmi、high-resolution、dp、dpi、ppi 和 1080p 等关键词。

其实，这些关键词可以不用写，写出来弊大于利，反而会破坏提示。特别是在一些摄影场景中，如果需要用到背景虚化等效果，添加"4k"后可能就会破坏这些效果。

所以 Midjourney 官方建议去掉这些关键词，保持咒语的准确性。

5.7.4　咒语中关键词的顺序会影响结果吗

会影响。以咒语"blue, turtle"和"turtle, blue"为例，二者生成的效果其实是不同的，如图 5-15 所示。

图 5-15　效果对比

从图 5-15 中可以看出，关键词的顺序确实会影响结果，越早出现的词对结果的影响越大。因此，本书设计的咒语框架才会将"主体内容"放在最前面，因为这是使用 Midjourney 绘制图像最重要的目标。官方还给出了以下建议。

- ❑ 避免列举同义词：不要在提示里写多个意思相同或相近的词。
- ❑ 使用具体的相关词语：用词越具体，生成的图像越符合提示。
- ❑ 使用句子片段：就是不要像写英文作文那样使用长难句，而是将长句切短。

5.7.5　seed 为什么不生效

2.3.7 节介绍了 --seed 参数的使用方式，不过还是会出现 seed"不生效"的情况，这主要是因为：

- ❑ seed 不能在不同的作业中迁移图像的风格或外观；
- ❑ seed 不能用来"标记"风格或外观［例如，对于咒语"use seed *n*"（*n* 表示 seed 值），无法迁移 *n* 值对应的图像风格］；
- ❑ 在 V 5 等后续版本中，seed 不能用于跨图像传输咒语。